U0338169

电子与电气类专业
专业课程实验指导

主　编　杨韵桐
副主编　安　妮　王昭阳　刘　超　董秋璇

中国矿业大学出版社
·徐州·

内 容 提 要

本书是"C语言与数据结构""面向对象程序设计C++""计算机应用程序设计""MATLAB语言及实践训练""信号系统""数字信号处理""电力系统自动化""控制电机""发电厂及变电所电气部分"等9门专业课程的实验课程指导书,包含了电子与电气类专业所有的程序设计类课程的实验,其中涉及C语言、C++语言、MATLAB语言、Python语言4种计算机语言及1种虚拟仿真软件。

本书从9门专业课程的实验出发,以使学生深入理解理论知识、提升学生实践应用能力、培养程序工程师的素养为目标,将理论与实践相结合,充分调动学生的学习积极性,既满足了学生对理论知识深入理解的需求,同时又加强了学生的实践应用能力。

图书在版编目(CIP)数据

电子与电气类专业专业课程实验指导 / 杨韵桐主编.
—徐州:中国矿业大学出版社,2022.5
ISBN 978 - 7 - 5646 - 5375 - 0

Ⅰ.①电… Ⅱ.①杨… Ⅲ.①程序设计—实验—高等学校—教学参考资料 Ⅳ.①TP311.1

中国版本图书馆CIP数据核字(2022)第073677号

书　　名	电子与电气类专业专业课程实验指导
主　　编	杨韵桐
责任编辑	章　毅
出版发行	中国矿业大学出版社有限责任公司
	(江苏省徐州市解放南路　邮编221008)
营销热线	(0516)83884103　83885105
出版服务	(0516)83995789　83884920
网　　址	http://www.cumtp.com　E-mail:cumtpvip@cumtp.com
印　　刷	江苏淮阴新华印务有限公司
开　　本	787 mm×1092 mm　1/16　印张 12.5　字数 320千字
版次印次	2022年5月第1版　2022年5月第1次印刷
定　　价	48.00元

(图书出现印装质量问题,本社负责调换)

前　言

电子与电气类专业大部分专业课程都配备有对应的实验课程,通过实验可以帮助学生巩固和加深对专业课程的理论知识的掌握和理解,培养学生们分析问题和解决问题的能力,提升学生将知识内化的能力。本书依据电子信息工程专业和电气工程及其自动化专业的教学大纲编写,涉及"C 语言与数据结构""面向对象程序设计 C＋＋""计算机应用程序设计""MATLAB 语言及实践训练""信号系统""数字信号处理""电力系统自动化""控制电机""发电厂及变电所电气部分"等 9 门专业课程的配套实验课程,其中包括了 C 语言、C＋＋语言、MATLAB 语言、Python 语言 4 种计算机语言及 1 种虚拟仿真软件。

本书共 9 章,第 1 章为"C 语言与数据结构"课程配套使用的 14 个实验,所使用的计算机语言为 C 语言,其中实验 1.1 至实验 1.11 为验证性实验(对应课程章节的配套实验),目的是加强学生对理论知识的理解及简单的应用;实验 1.12 至实验 1.14 为综合性实验,是学生需要学习完大部分 C 语言理论课程之后综合课程内容所完成的实验,该部分实验根据教师科研项目及实际应用所设计,目的是培养学生对本课程的综合应用能力。第 2 章为"面向对象程序设计 C＋＋"课程配套使用的 6 个实验,所使用的计算机语言为 C＋＋,其中实验 2.1 至实验 2.5 为验证性实验,实验 2.6 为综合性实验。第 3 章为"计算机应用程序设计"课程配套使用的 6 个实验,所使用的计算机语言为 Python 语言,其中实验 3.1 至实验 3.3 为验证性实验,实验 3.4 至实验 3.6 为综合性实验。第 4 章为"MATLAB 语言及实践训练"课程配套使用的 9 个实验,所使用的计算机语言为 MATLAB 语言,其中实验 4.1 至实验 4.6 为验证性实验,实验 4.7 至实验 4.9 为应用性实验,本章主要是 MATLAB 语言的基础篇,通过该部分的实验可使学生熟悉 MATLAB 基础语言环境及基本的应用,为后续其他课程使用该语言奠定基础。第 5 章至第 8 章为 MATLAB 语言的应用篇,是"信号系统""数字信号处理""电力系统自动化""控制电机"等 4 门课程配套使用的实验,应用 MATLAB 强大的绘图功能,将理论知识可视化地展现出来,让学生能够更直观地理解理论知识。第 9 章为"发电厂及变电所电气部分"课程配套使用的 5 个实验,以电力系统为主线,所使用的软件为订制的配套虚拟仿真软件;其中实验 9.1 和实验 9.2 为验证性实验,实验 9.3 至实验 9.5 为综合性实验,实验内容包括发电、输变电和配电系统的设备和构成等方面的知识,通过实验,使学生认识发电厂、变电所常用的主要电气设备,了解发电厂、变电所电气主接线,并熟悉电气设备的巡检以及相关的标准操作规程。

本书由杨韵桐(东北石油大学物理与电子工程学院)担任主编,并负责全书的统稿和整理,安妮(东北石油大学物理与电子工程学院)、王昭阳(东北石油大学物理与电子工程学院）、刘超（东北石油大学电气信息工程学院）、董秋璇（东北石油大学物理与电子工程学院）担任副主编。其中杨韵桐负责实验 4.1 至实验 4.9 和实验 6.1 至实验 6.3 内容的编写；安妮负责实验 1.1 至实验 1.11 内容的编写；王昭阳负责实验 1.12 至实验 3.6 内容的编写；刘超负责实验 8.1 至实验 8.4 和实验 9.1 至实验 9.5 内容的编写；董秋璇负责实验 5.1 至实验 5.4 和实验 7.1 至实验 7.3 内容的编写。本书在编写时得到了东北石油大学物理与电子工程学院领导及电子信息工程专业师生的大力支持，特别是曹志民、吕妍、宋鸿梅三位教师在内容审定上给予了很大的支持，编者在此表示衷心的感谢。

　　由于本书涵盖的知识面较广，加上作者水平有限，书中难免有疏漏之处，恳请读者批评指正，以便再版时予以修正。

编　者

2022 年 2 月

目　　录

第 1 章
C 语言与数据结构

实验 1.1　顺序结构程序设计

一、实验目的及要求

（1）理解 C 语言的基本特征和基本知识。

（2）掌握赋值语句的使用。

（3）掌握基本输入/输出语句的使用。

（4）熟悉上机实验环境。

（5）要求：① 上机前先编制程序并画出程序流程图；② 独立完成实验及实验报告。

二、实验原理

1. printf()函数

（1）函数名：printf()。

（2）功能：执行格式化输出。

（3）用法如下：

printf(格式字符串,待打印项 1,待打印项 2,…);

① 格式字符串：这些符号被称为转换说明,它们指定了如何把数据转换成可显示的形式。在％和转换字符之间插入修饰符可修饰基本的转换说明。

② 类型匹配：函数打印数据的指令要与待打印数据的类型相匹配。例如,打印整数时使用％d,打印字符时使用％c。

③ 待打印项：它们可以是变量、常量,甚至是在打印之前先要计算的表达式。

（4）转化说明与修饰符。

① 转化说明：主要描述了按什么数据类型输出,如表 1-1 所示。

表 1-1　常用格式化说明符

转化说明	输出/输入
％a	浮点数、十六进制数和 p 记数法(C99/C11)
％A	浮点数、十六进制数和 p 记数法(C99/C11)
％c	单个字符
％d	有符号十进制整数
％e	浮点数,e 记数法
％E	浮点数,e 记数法
％f	浮点数,十进制记数法

表 1-1(续)

转化说明	输出/输入
%F	浮点数,十进制记数法
%g	根据值的不同,自动选择%f 或%e。%e 格式用于指数小于−4 或者大于或等于精度时
%G	根据值的不同,自动选择%f 或%E。%E 格式用于指数小于−4 或者大于或等于精度时
%i	有符号十进制整数(与%d 相同)
%o	无符号八进制整数
%p	指针
%s	字符串
%u	无符号十进制整数
%x	无符号十进制整数,适用十六进制数 0f
%X	无符号十进制整数,适用十六进制数 0F
%[]	扫描字符集合
%%	打印一个百分号

注:由于使用%符号来标识转换说明,因此打印%符号约定使用两个%。

② 修饰符:在%和转换字符之间插入修饰符可修饰基本的转换说明。

用于描述:a. 在打印位置的对齐方式;b. 长度不够时前导空格或者 0;c. 特殊进制添加前缀♯,使用 0 开头打印八进制,0x 开头打印十六进制;d. 最小宽度;e. 精度;f. 标识整形长度类型,如 h 为 short 长度类型、hh 为 char 长度类型、l 为 long 长度类型、ll 为 longlong 长度类型。

③ 修饰符顺序要求:如果要插入多个字符,其书写顺序应该与表 1-2 中列出的顺序相同。不是所有的组合都可行。

表 1-2　常见的格式说明字符表

修饰符	说明
L/l 长度修饰符	输入"长"数据
h 长度修饰符	输入"短"数据
W 整型常数	指定输入数据所占宽度
*	空读一个数据

2. scanf()函数

(1) 函数名:scanf()。

(2) 功能:执行格式化输入。

(3) 用法如下:

int scanf(char * format,[argument,…]);

scanf()函数通用终端格式化输入函数,它从标准输入设备(键盘)读取输入的信息。它可以读入任何固有类型的数据并自动把数值变换成适当的机内格式。其调用格式为 scanf("<格式化字符串>",<地址表>);scanf()函数返回成功赋值的数据项数,出错时则返回 EOF。其控制串由三类字符构成:

① 格式化说明符。

② 空白符。空白符会使 scanf() 函数在读操作中略去输入中的一个或多个空白符,空白符可以是 space、tab、newline 等等,直到第一个非空白符出现为止。

③ 非空白符。一个非空白符会使 scanf() 函数在读入时剔除掉与这个非空白符相同的字符。

三、实验内容

说明:第(1)题必做,第(2)题至第(4)题选做 2 题。

(1) 分析下面程序的执行结果,并上机验证。

```c
#include <stdio.h>
void main()
{
    int a=5,b=7;
    float x=67.8564,y=-789.124;
    char c='a';
    long n=1234567;
    unsigned u=65536;
    printf("%d%d\n",a,b);
    printf("%3d%3d\n",a,b);
    printf("%f,%f\n",x,y);
    printf("%-10f,%-10f\n",x,y);
    printf("%8.2f,%8.2f,%.4f,%.4f,%3f,%3f\n",x,y,x,y,x,y);
    printf("%c,%d,%o,%x\n",c,c,c,c);
    printf("%ld,%lo,%x\n",n,n,n);
    printf("%u,%o,%x,%d\n",u,u,u,u);
    printf("%s,%5.3s\n","computer","computer");
}
```

实验提示:重点学习 printf() 的格式控制,掌握各种数据类型的输出控制,难点在于实数、字符串数据的输出控制,想想这些控制如何应用,在哪些软件中看到过类似的控制。

(2) 假设公民的个人所得税为工资总额的 5%,编程输入一个公民的工资总额,计算其应缴纳的个人所得税和扣除所得税后的实际工资,并输出。

(3) 利用格式控制符输出图 1-1 所示的图形。

实验提示:观察图形规律,看看能用多少种方法实现该图形的输出。

(4) 从键盘上输入圆的半径和圆柱的高,求圆的周长,以及圆柱体积。用 scanf() 输入,用 printf() 输出,输出时有文字说明,取小数点后 2 位数字。请编程序。

图 1-1　图形

四、思考题

C 语言程序中,顺序结构程序设计的重点在于输入语句和输出语句,难点在于格式化输入语句 scanf()以及格式化输出语句 printf()。联系自己所应用过的软件(游戏软件、办公软件、网络软件等),找一找哪些工程是"格式化"输入语句和输出语句实现的,想一想如果自己设计相应功能,是否可以进行更合理的调整。

实验 1.2　选择结构程序设计

一、实验目的及要求

（1）理解 C 语言表示逻辑量的方法（以 0 代表"假"，以非 0 代表"真"）。

（2）掌握逻辑运算符和逻辑表达式，关系运算符和关系表达式的书写的意义。

（3）掌握 if 语句的使用。

（4）掌握 switch 语句的使用。

（5）要求：① 上机前画出程序流程图并完成部分实验程序的编制任务；② 独立完成实验；③ 独立完成实验报告。

二、实验原理

1. if 语句的三种基本形式

（1）if 语句的基本形式一如图 1-2 所示，格式如下：

if(表达式)语句

（2）if 语句的基本形式二如图 1-3 所示，格式如下：

if(表达式)语句 1

else　语句 2

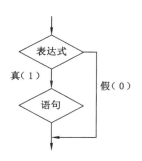

图 1-2　if 语句的基本形式一

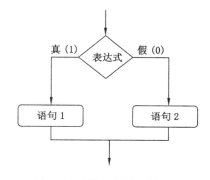

图 1-3　if 语句的基本形式二

（3）if 语句的基本形式三如图 1-4 所示，格式如下：

if(表达式 1)语句 1

else if(表达式 2)语句 2

else if(表达式 3)语句 3

……

else if(表达式 m)语句 m

else　语句 n

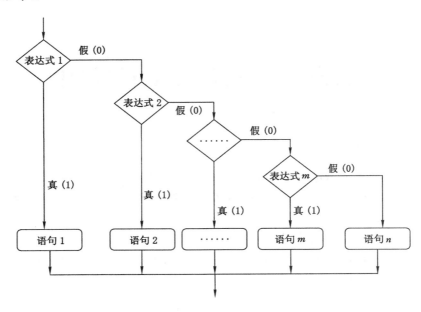

图 1-4　if 语句的基本形式三

说明：① 三种形式的 if 语句中，在 if 后面都有表达式，一般为逻辑表达式或关系表达式。

② 第二种、第三种形式的 if 语句中，在每个 else 前面有一个分号，整个语句结束处有一个分号。

③ 语句 n 在 if 和 else 后面可以只含有一个内嵌的操作语句，也可以有多个操作语句，此时用花括号将几个语句括起来成为一个复合语句。

2. switch 语句

switch 语句的格式如下：

switch(表达式)

{case 常量表达式 1：语句 1

　case 常量表达式 2：语句 2

　……

　case 常量表达式 n：语句 n

default：语句 $n+1$

}

说明：

(1) switch 后面括弧内的"表达式"，ANSI 标准允许它为任何类型。

(2) 当表达式的值与某一个 case 后面的常量表达式的值相等时，就执行此 case 后面的语句，若所有的 case 中的常量表达式的值都没有与表达式的值匹配的，就执行 default 后面的语句。

(3) 每一个 case 的常量表达式的值必须互不相同，否则就会出现互相矛盾的现象（对表达式的同一个值,有两种或多种执行方案)。

（4）各个 case 和 default 的出现次序不影响执行结果。例如,可以先出现"default：…",再出现"case 常量表达式 4：…",然后是"case 常量表达式 1：…"。

（5）执行完一个 case 后面的语句后,流程控制转移到下一个 case 继续执行。"case 常量表达式"只是起语句标号作用,并不是在该处进行条件判断。在执行 switch 语句时,根据switch 后面表达式的值找到匹配的入口标号,就从此标号开始执行下去,不再进行判断。应该在执行一个 case 分支后,可以用一个 break 语句来终止 switch 语句的执行。

（6）多个 case 可以共用一组执行语句。

三、实验内容

（1）有三个整数 a、b、c,由键盘输入,请输出其中最大的数。

实验提示：重点体会 scanf() 函数的数据输入方式,想想课堂上老师都用了哪几种输入控制。

（2）编一程序,对于给定的一个百分制成绩,输出相应的五分制成绩。设：$\geqslant 90$ 分为 A,$\geqslant 80$ 分且 <90 分为 B,$\geqslant 70$ 分且 <80 分为 C,$\geqslant 60$ 分且 <70 分为 D,<60 分为 E(用switch 语句实现)。

（3）企业发放的奖金根据利润 P 提成。$P\leqslant 100\ 000$ 元的,奖金可提 10%;$100\ 000$ 元 $<$$P\leqslant 200\ 000$ 元时,$P\leqslant 100\ 000$ 元的部分仍按 10% 提成,高于 $100\ 000$ 元的部分按 7% 提成;$200\ 000$ 元 $<P\leqslant 400\ 000$ 元时,$P\leqslant 200\ 000$ 元的部分仍按上述办法提成,高于 $200\ 000$ 元的部分按 5% 提成;$400\ 000$ 元 $<P\leqslant 600\ 000$ 元时,$P\leqslant 400\ 000$ 元的部分仍按上述方法提成,高于 $400\ 000$ 元的部分按 3% 提成;$600\ 000$ 元 $<P\leqslant 1\ 000\ 000$ 元时,$P\leqslant 600\ 000$ 元的部分仍按上述办法提成,高于 $600\ 000$ 元的部分按1.5% 提成;$P>1\ 000\ 000$ 元时,$P\leqslant 1\ 000\ 000$ 元的部分仍按上述方法提成,超过 $1\ 000\ 000$ 元的部分按 1% 提成。从键盘上输入当月利润 P,求应发奖金总数。

要求：① 用 if 语句编程;② 用 switch 语句编程。

实验提示：重点体会 if 和 switch 语句实现选择程序设计的设计条件,以及二者的优缺点。

（4）求方程 $ax^2+bx+c=0$ 的根,a、b、c 由键盘输入。

实验提示：是否能够设计出具有良好用户体验的交互式程序,即如何更好地提升用户体验,如何更好地设计程序的输入和输出?

四、思考题

选择结构程序设计是完成复杂结构化程序的重点和难点,其关键在于条件的表达。请查阅智能交通控制方案相关资料,总结智能交通控制典型条件,想一想如何用 if-else 语句、switch 语句实现以上典型条件约束下的智能交通控制系统。

实验 1.3　循环结构程序设计

一、实验目的及要求

（1）结合程序掌握一些简单的循环语句的算法。

（2）熟悉并掌握用 while 语句,do-while 语句和 for 语句实现循环的方法。

（3）掌握在程序设计中用循环的方法实现一些常用算法。

（4）要求:① 上机前画出程序流程图并完成部分实验程序编制任务;② 独立完成实验;③ 独立完成实验报告。

二、实验原理

1. while 语句

while 语句用来实现"当型"循环结构。一般形式如下:

while（表达式）

{

循环语句;

}

当表达式为非 0 值时,执行 while 语句中的循环语句,如图 1-5 所示。其特点是:先判断表达式,后执行语句。

注意:

（1）循环体如果包含一个以上的语句,应该用花括弧括起来,以复合语句形式出现。

（2）在循环体中应有使循环趋向于结束的语句。如果无此语句,循环永不结束。

2. do-while 语句

do-while 语句的特点为先执行循环体,然后判断循环条件是否成立。一般形式如下:

do

{

循环语句;

}

while（表达式）;

执行过程:先执行一次指定的循环体语句,然后判断表达式,当表达式的值为非零

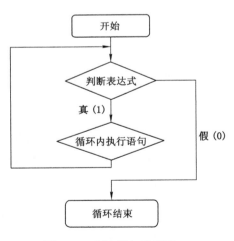

图 1-5　while 语句流程图

（"真"）时,返回重新执行循环体语句,如此反复,直到表达式的值等于 0 为止,此时循环结束。如图 1-6 所示。

3. for 语句

for 语句的基本形式如图 1-7 所示,一般表达式如下:

for(表达式 1;表达式 2;表达式 3) 语句

(1) 表达式 1:初始化,只计算一次。在计算控制表达式之前,先计算一次表达式 1,以进行必要的初始化,后面不再计算它。

(2) 表达式 2:控制表达式。每轮循环前都要计算控制表达式,以判断是否需要继续本轮循环。当控制表达式的结果为 false,结束循环。

(3) 表达式 3:调节器。调节器(例如计数器自增)在每轮循环结束后且表达式 2 计算前执行,即在运行调节器后,执行表达式 2,以进行判断。

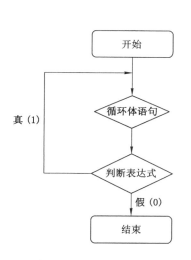

图 1-6　do while 语句流程图

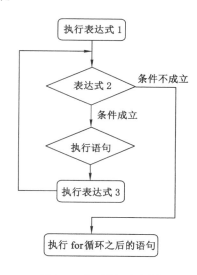

图 1-7　for 语句流程图

三、实验内容

(1) 分别用 do-while,for 和 while 循环计算 1 到 100 的累加和[提高部分(选做):输入任何一个整数 n,求 1 到 n 的累加和]。

(2) 分别用 do-while,for 和 while 循环计算 20![提高部分(选做):输入任何一个整数 n,求 n!]。

(3) 从键盘输入一个 int 类型的正整数,输出它的所有因子。如输入 6,输出 1、2、3;输入 20,输出 1、2、4、5、10。

(4) 输入一行字符,分别统计出其中的英文字母、空格、数字和其他字符的个数。

(5) 猴子吃桃问题:猴子第一天摘下若干个桃子,当即吃了一半,还不过瘾,又多吃了一个。第二天早上又将剩下的桃子吃掉一半,又多吃了一个。以后每天早上都吃了前一天剩下的一半再多一个。到第十天早上想再吃时,见只剩一个桃子了。求第一天共摘了多少个桃子。

实验提示:重点体会计算机程序设计解决实际问题的过程,重点学习如何更好地设计递归程序。

（6）编程并输出如表 1-3 所示的九九乘法表。

表 1-3　九九乘法表

i	$j=1$	$j=2$	$j=3$	$j=4$	$j=5$	$j=6$	$j=7$	$j=8$	$j=9$
1	$1\times1=1$								
3	$3\times1=3$	$3\times2=6$	$3\times3=9$						
5	$5\times1=5$	$5\times2=10$	$5\times3=15$	$5\times4=20$	$5\times5=25$				
7	$7\times1=7$	$7\times2=14$	$7\times3=21$	$7\times4=28$	$7\times5=35$	$7\times6=42$	$7\times7=49$		
9	$9\times1=9$	$9\times2=18$	$9\times3=27$	$9\times4=36$	$9\times5=45$	$9\times6=54$	$9\times7=63$	$9\times8=72$	$9\times9=81$

实验提示:观察规律,可以充分结合 printf() 的格式控制能力以及循环结构程序设计的能力。想一想是否可以有更好的乘法表输出控制。

四、思考题

循环结构程序设计是完成复杂结构化程序的又一个重点和难点,特别是 for 循环的灵活多变的应用方法,想一想坦克大战、俄罗斯方块、连连看、对对碰等小游戏中哪些环节是用循环实现的,对应的循环变量初始化、循环退出条件、循环控制以及循环体都有哪些操作。

实验 1.4　顺序、选择、循环综合运用

一、实验目的及要求

（1）结合程序掌握循环嵌套实现算法。

（2）熟悉并掌握用 while 语句，do-while 语句和 for 语句实现循环嵌套的方法。

（3）掌握典型循环嵌套实例的实现算法。

（4）要求：① 上机前画出程序流程图并完成部分实验程序编制任务；② 独立完成实验；③ 独立完成实验报告。

二、实验原理

1. 循环的嵌套

（1）一个循环体内又包含另一个完整的循环结构称为循环的嵌套。内嵌的循环中还可以嵌套循环，这就是多层循环。

（2）三种循环（while 循环、do-while 循环和 for 循环）可以互相嵌套。

2. 常见的二重循环嵌套形式

常见的二重循环嵌套形式如表 1-4 所示。

表 1-4　9 种循环嵌套形式

while( )
　{ …
　　while( )
　　{ … }
　}
	while( )
	　{ …
	　　do{…}
	　　while( );
	　}
		while( )
		　{ …
		　　for(；；)
		　　{ … }
		　}

do
　{ …
　　while( )
　　{ … }
　}
	do
	　{ …
	　　do{ … }
	　　while( );
	　}
	　while( );
		do
		　{ …
		　　for(；；)
		　　{ … }
		　}
		　while( )

for
　{ …
　　while( )
　　{ … }
　}
	for
	　{ …
	　　do{ … }
	　　while( )
	　　　{…}
	　}
		for(；；)
		　{ …
		　　for(；；)
		　　{ … }
		　}

三、实验内容

（1）分别用 do-while，for 和 while 循环计算 $s=1!+2!+\cdots+10!$。

（2）一个球从 100 m 高度自由落下，每次落地后反弹回原高度的 $\dfrac{1}{3}$，再落下，再反弹，当球的高度小于 5 m 时则不再弹起，则球弹跳几次后停止，最后一次弹起为多少米？

（3）求 $\displaystyle\sum_{k=1}^{100}k+\sum_{k=1}^{50}k^{2}+\sum_{k=1}^{10}\dfrac{1}{k}$。

（4）输入三个整数值 x、y、z，把这三个数从小到大输出。

（5）生成两个相同长度的随机信号，分别计算两个信号间的均方误差 MSE，相关系数及峰值信噪比 PSNR（提高部分：考虑两个随机信号的相关性，或通过加高斯白噪声的方式生成纯净信号和带噪信号，了解信号增强的评价准则）。

实验提示：自己通过图书馆、网络等资源查找 MSE 及 PSNR 的计算公式；自学利用 MATLAB 或 C 语言生成两个随机信号序列，并计算得到二者的 MSE 和 PSNR 取值。

四、思考题

（1）如今代码量逐渐增加，自己的程序设计经验也得到逐步积累，和同学讨论一下什么样的程序设计风格看着更舒服、程序的可读性会更好，如何提升自己设计程序的品质。

（2）想一想程序设计过程中，如何更好地体现顺序的模块化程序设计，如何向着"程序就是我，我就是程序"的境界迈进。注意：关键在于思维逻辑，在于思考。

实验 1.5　数　　组

一、实验目的及要求

（1）掌握一维数组和二维数组的定义、赋值和输入输出方法。

（2）掌握字符数组和字符串函数的使用。

（3）掌握与数组有关的算法，特别是排序算法。

（4）要求：① 上机前画出程序流程图并完成部分实验程序编制任务；② 独立完成实验；③ 独立完成实验报告。

二、实验原理

1. 一维数组

（1）一维数组的定义格式如下：

类型说明符数组名［常量表达式］；

例如：

int a［10］；

它表示定义了一个整型数组，数组名为 a，此数组有 10 个元素。

（2）一维数组在内存中的存放，如下：

float mark［100］；

（3）一维数组元素的引用，如下：

数组名［下标］；

下标可以是整型常量或整型表达式，例如：

a［0］＝a［5］＋a［7］－a［2 * 3］；

2. 二维数组的定义

（1）二维数组定义的一般形式如下：

类型说明符数组名［常量表达式］［常量表达式］；

例如，定义 a 为 3×4(3 行 4 列)的数组，b 为 5×10(5 行 10 列)的数组。如下：

float a［3］［4］，b［5］［10］；

（2）二维数组在内存中的存放。二维数组中的元素在内存中的排列顺序是：按行存放，即先顺序存放第一行的元素，再存放第二行的元素……

图 1-8 表示对 a［3］［4］数组存放的顺序。

（3）二维数组的引用。二维数组元素的表示形式为：

数组名［下标］［下标］

例如，a［2］［3］下标可以是整型表达式，即：

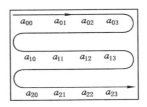

图 1-8　对 a[3][4]数组存放的顺序

a[2-1][2 * 2-1]

3. 字符数组

(1)字符数组的定义。定义方法与前面介绍的类似。例如：

char c[10];c[0]='I';c[1]=' ';c[2]='a';c[3]='m';c[4]=' ';c[5]='h';c[6]='a';
c[7]='p';c[8]='p';c[9]='y';

(2)字符数组的输入输出。字符数组的输入输出可以有两种方法：

① 逐个字符输入输出。用格式符"%c"输入或输出一个字符。

② 将整个字符串一次输入或输出。用"%s"格式符,意思是对字符串的输入输出。

4. 字符串函数

常用字符串函数如表 1-5 所示。

表 1-5　字符串函数

字符串函数	一般形式	作用
puts	puts(字符数组)	将一个字符串(以\0结束的字符序列)输出到终端。假如已定义 str 是一个字符数组名,且该数组已被初始化为"China",则执行 puts(str);其结果是在终端上输出"China"
gets	gets(字符数组)	从终端输入一个字符串到字符数组,并且得到一个函数值。该函数值是字符数组的起始地址
strcat	strcat(字符数组 1,字符数组 2)	连接两个字符数组中的字符串,把字符串 2 接到字符串 1 的后面,结果放在字符数组 1 中,函数调用后得到一个函数值——字符数组 1 的地址
strcpy	strcpy(字符数组 1,字符串 2)	strcpy 是"字符串复制函数"。作用是将字符串 2 复制到字符数组 1 中去
strcmp	strcmp(字符串 1,字符串 2)	比较字符串 1 和字符串 2
strlen	strlen(字符数组)	测试字符串长度的函数。函数的值为字符串中的实际长度(不包括\0在内)
strlwr	strlwr(字符串)	将字符串中大写字母换成小写字母
strupr	strupr(字符串)	将字符串中小写字母换成大写字母

三、实验内容

(1)用选择法对 10 个整数排序。10 个整数用 scanf()函数输入。

实验提示:理解选择法排序的基本模型。二重循环中,各层循环都干了些什么? 对比理解冒泡法排序的基本模型。

(2) 有 15 个数存放在 1 个数组中,输入 1 个数,要求用二分查找算法找出该数是数组中第几个元素的值。如果该数不在数组中,则输出"无此数"。以 15 个数用赋初值的方法在程序中给出[二分查找算法的算法思维:① 首先查找数组必须是有序的(假设为升序)。② 取查找数组中间的数作为基准,如果需要查找的数据大于基准说明该数存在于数组的左边,反之存在于基准右边。③ 假设待查找的数小于基准,那么将基准换成左子数组的中间的数,重复步骤②,直到找到该数]。

(3) 将两个字符串连接起来,不要用 strcat()函数。

实验提示:如何设计连接字符串的字符数组的长度? 复习字符串在内存中的存储形式。

(4) 找出 1 个二位数组的"鞍点",即该位置上的元素在该行上最大,在该列上最小(也可能没有鞍点)。应至少准备两组数据。

① 二维数组有鞍点,如:

$$\begin{bmatrix} 9 & 80 & 205 & 40 \\ 90 & -60 & 96 & 1 \\ 210 & -3 & 101 & 89 \end{bmatrix}$$

② 二维数组没有鞍点,如:

$$\begin{bmatrix} 9 & 80 & 205 & 40 \\ 90 & -60 & 196 & 1 \\ 210 & -3 & 101 & 89 \\ 45 & 54 & 156 & 7 \end{bmatrix}$$

用 scanf()函数由键盘输入数组各元素的值,检查结果是否正确。

四、思考题

(1) 想一想如何用 C 语言在其标准输出中画出一个正弦波(数组)。

(2) 查阅图像处理技术中(均值、中值)图像平滑滤波技术,想一想如何用二维数组来实现。

实验 1.6 函数一

一、实验目的及要求

(1) 掌握函数定义的方法。

(2) 掌握系统函数的使用。

(3) 掌握函数中形式参数的传递方法。

(4) 体会模块化程序设计的思想。

(5) 要求:① 上机前画出程序流程图并完成部分实验程序编制任务;② 独立完成实验;③ 独立完成实验报告。

二、实验原理

1. 无参函数

定义无参函数的一般形式为:

类型标识符函数名()

{

声明部分

语句部分

}

2. 有参函数

定义有参函数的一般形式为:

类型标识符函数名(形式参数表列)

{

声明部分

语句部分

}

3. 空函数

定义空函数的一般形式为:

类型标识符　函数名()

{}

例如:

dummy( )

{}

4. 函数的返回值

函数的值是指函数被调用之后,执行函数体中的程序段所取得的并返回给主调函数的值。

(1)函数的值只能通过 return 语句返回主调函数。

return 语句的一般形式为:

return 表达式;

或者为:

return(表达式);

该语句的功能是计算表达式的值,并返回给主调函数。在函数中允许有多个 return 语句,但每次调用只能有一个 return 语句被执行,因此只能返回一个函数值。

(2)函数值的类型和函数定义中函数的类型应保持一致。如果两者不一致,则以函数类型为准,自动进行类型转换。

(3)如函数值为整型,在函数定义时可以省去类型说明。

(4)不返回函数值的函数,可以明确定义为"空类型",类型说明符为"void"。

5. 形式参数和实际参数

在前面提到的有参函数中,在定义函数时函数名后面括弧中的变量名称为"形式参数"(简称"形参"),在主调函数中调用一个函数时,函数名后面括弧中的参数(可以是一个表达式)称为"实际参数"(简称"实参")。return 后面的括弧中的值()作为函数带回的值(称函数返回值)。在不同的函数之间传递数据,可以使用的方法如下:

(1)参数:通过形参和实参。

(2)返回值:用 return 语句返回计算结果。

(3)全局变量:通过外部变量。

三、实验内容

(1)输入数值,并求取相应 sin 值、cos 值和 tan 值,要求使用系统函数。

(2)求 $\sum_{k=1}^{100}k + \sum_{k=1}^{50}k^2 + \sum_{k=1}^{10}\frac{1}{k}$,要求使用函数。

实验提示:观察题目给出公式的特点,可分别设计三个子函数(一次累加、二次累加、负一次累加)或一个子函数(累加)来实现以上功能。

(3)编写一个程序,要求输入一行字符,统计其中的大小写英文字母的个数,并将其中的大写字母改为小写字母,小写字母改为大写字母后再输出。要求使用函数。

(4)某学校对教师每月工资的计算公式如下:固定工资+课时补贴。教授的固定工资为5 000 元,每个课时补贴为 50 元;副教授的固定工资为 3 000 元,每个课时补贴为 30 元;讲师的固定工资为 2 000 元,每个课时补贴为 20 元。编写一个函数,要求可以计算各类教师的工资。

四、思考题

函数是顺序结构程序设计模块化设计的关键,想一想手机中提供的"夜晚""室内""人物""风景"等不同场景下的照相功能是否是用函数实现的。显然,以上函数的共同输入都是摄像头采集的 CCD 阵列信号,即原始图像信号。除此之外,还需要有哪些输入参数才能完成相应场景的图像增强处理?

实验 1.7 函 数 二

一、实验目的及要求

（1）掌握定义函数的方法。

（2）掌握函数实参与形参的对应关系，以及"值传递"的方式。

（3）掌握函数的嵌套调用和递归调用的方法。

（4）掌握全局变量和局部变量、动态变量、静态变量的概念和使用方法。

（5）学习对多文件程序的编译和运行。

（6）要求：① 上机前画出程序流程图并完成部分实验程序编制任务；② 独立完成实验；③ 独立完成实验报告。

二、实验原理

1. 函数的调用

函数调用的一般形式为：

函数名（实参表列）

如果是调用无参函数，则"实参表列"可以没有，但括弧不能省略。如果实参表列包含多个实参，则各参数间用逗号隔开。实参与形参的个数应相等，类型应匹配。实参与形参按顺序对应，一一传递数据。如果实参表列包括多个实参，对实参求值的顺序并不是确定的，有的系统按自左至右顺序求实参的值，有的系统则按自右至左顺序求实参的值。许多 C 语言版本按自右至左的顺序求值，例如 Tubro C++。

2. 函数调用的方式

按函数在程序中出现的位置，可以有以下三种函数调用方式。

（1）函数语句。把函数调用作为一个语句，如 printstar()，这时不要求函数带回值，只要求函数完成一定的操作。

（2）函数表达式。函数出现在一个表达式中，这种表达式称为函数表达式。这时要求函数带回一个确定的值以参加表达式的运算。例如：

c＝2 * max(a,b);

（3）函数参数。函数调用作为一个函数的实参。例如：

m＝max(a,min(b,c));//min(b,c)是一次函数调用，它的值作为 max 另一次调用的

实参。m 的值是 a、b、c 三者中的最大者

又如：

printf（"％d",min(a,b));//把 min(a,b)作为 printf()函数的一个参数

3. 嵌套调用和递归调用

（1）嵌套调用。嵌套调用就是一个函数中调用其他函数的过程，具体调用过程如图 1-9 所示。

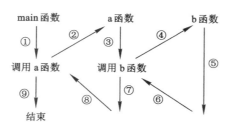

图 1-9　嵌套调用

（2）递归调用。递归调用是在调用一个函数的过程中又直接或间接地调用该函数本身，具体调用过程如图 1-10 所示。

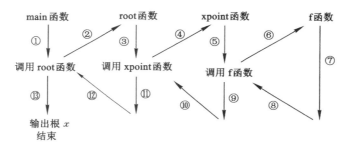

图 1-10　递归调用

4. 局部变量和全局变量

（1）局部变量。在一个函数内部定义的变量是内部变量，它只在本函数范围内有效，也就是说只有在本函数内才能使用它们，在此函数以外是不能使用这些变量的。这称为"局部变量"。

（2）全局变量。在函数内定义的变量是局部变量，而在函数之外定义的变量称为外部变量，外部变量是全局变量（也称全程变量）。全局变量可以为本源文件中其他函数所共用。它的有效范围为从定义变量的位置开始到本源文件结束。

5. 静态存储方式与动态存储方式

前面已介绍了从变量的作用域（即从空间）角度，可以将变量分为全局变量和局部变量。那么从变量值存在的时间（即生存期）角度就可以将存储方式分为静态存储方式和动态存储方式。所谓静态存储方式是指在程序运行期间由系统分配固定存储空间的方式。而动态存储方式则是在程序运行期间根据需要进行动态分配存储空间的方式。这个存储空间可以分为三部分：程序区、静态存储区、动态存储区。

三、实验内容

（1）写一个判别素数的函数，在主函数中输入一个函数，输出是否是素数的信息（本程序应当准备以下测试数据:17、34、2、1、0)。

(2)用一个函数来实现一行字符串中最长的单词输出,此行字符串从主函数传递给该函数。

① 把两个函数放在同一个程序文件中,作为一个文件进行编译和运行。

② 把两个函数分别放在两个程序文件中,作为两个文件进行编译、链接和运行。

(3)用递归法将一个整数 n 转换成字符串。例如,输入 483,应输出字符串"483"。n 的位数不确定,可以是任意的整数。

(4)求两个整数的最大公约数和最小公倍数,用一个函数求最大公约数,用一个函数根据最大公约数求最小公倍数。

① 不用全局变量,分别用两个函数求最大公约数和最小公倍数。两个整数在主函数中输入,并传送给函数 1,求出的最大公约数返回主函数,然后再与两个整数一起作为实参传递给函数 2,以求出最小公倍数,然后返回到主函数输出最大公约数和最小公倍数。

② 用全局变量的方法,分别用两个函数求最大公约数和最小公倍数,但其值不由函数带回。将最大公约数和最小公倍数都设为全局变量,在主函数中输出它们的值。

实验提示:尽可能从程序编译链接后内存中的程序流程去体会全局变量和函数的作用及使用方法。

(5)写一个函数,输入一个十六进制数,输出相应的十进制数。

四、思考题

(1)函数的嵌套及全局变量、静态变量的应用是 C 语言函数学习的重点和难点之一,想一想实验 1.6 中提到的"夜晚""室内""人物""风景"等不同场景下的手机照相功能中各模块的公共参数是什么(可以设计为全局变量)。各模块的处理流程基本完全一致,显然,可以设计成一个共用函数,那么,这种情况下,各个不同场景的图像增强模块是不是就需要在共用函数中进行嵌套调用,即同一个输入数据,同一个函数,采用不同的算法(函数)可以得到不同的结果?

(2)思考题(1)中提到了算法,想一想,为什么一个照相功能要用不同算法进行实现,算法实现的驱动力是什么,目标是什么。同一个"夜间"场景下的照相功能,不同品牌的手机由于采用硬件及算法不同,给出的效果就不同。科技是第一生产力,我们能做的就是针对不同的电子信息相关工程问题给出好的设计、好的算法。

实验 1.8　数组和函数的综合运用

一、实验目的及要求

（1）熟练掌握数组的定义及初始化方法。
（2）熟练掌握函数参数的传递方法。
（3）掌握系统函数的使用。
（4）要求：① 上机前画出程序流程图并完成部分实验程序编制任务；② 独立完成实验；③ 独立完成实验报告。

二、实验原理

参考实验 1.5 至实验 1.7 中的实验原理。

三、实验内容

（1）编写函数对整型数组排序，输出原数组及排序后的数组。
实验提示：考虑是否可以选择不同的排序方法并给出各种方法的性能评价参数，如乘法次数；如何能够设计更好的输出以体现排序的效果。
（2）定义一个数组（二维），按列计算数组的最大值 max、最小值 min、均值 mean，要求每种特征值均为一种函数（扩展：用指向函数的指针实现）。
（3）设计一个函数，输入为 $n \times n$ 的矩阵，要求输出矩阵的转置，矩阵数值使用 scanf() 函数输入。
实验提示：考虑矩阵转置的性能是否能在输出中给出可视化的体现。
（4）生成一个三维数组，要求输入索引值，找寻索引对应的数值。

四、思考题

（1）排序是最基本也是最重要的数组操作，查阅排序相关文献，看看排序算法都有哪些主要应用，排序算法设计的基本思想和排序性能的评价方法是什么。
（2）由于语音、图像、视频等典型计算机视/听觉信号的处理都会涉及矩阵（向量）基本操作，如加、减、乘、除数学运算，与、或、非逻辑运算，以及点积、卷积等运算，请查阅矩阵（向量）基本运算相关资料（线性代数），完成一组典型矩阵（向量）操作的函数集设计。

实验 1.9　指　　针

一、实验目的及要求

（1）通过实验进一步掌握指针的概念，会定义和使用指针变量。

（2）能正确使用数组的指针和指向数组的指针变量。

（3）能正确使用字符串的指针和指向字符串的指针变量。

（4）了解指向指针的概念及其使用方法。

（5）要求：① 上机前画出程序流程图并完成部分实验程序编制任务；② 独立完成实验；③ 独立完成实验报告。

二、实验原理

1. 指针和指针变量的定义

一个变量的地址称为该变量的"指针"。例如，地址 2000 是变量 i 的指针。如果有一个变量专门用来存放另一变量的地址（即指针），则它称为"指针变量"。

2. 指针与数组

指针变量在 32 位的系统下面是 4 Byte，而在 64 位系统下面是 8 Byte，其值为某一个内存的地址。而数组其大小与元素的类型和个数有关，定义数组时必须设定其元素的类型和个数，数组可以存放任何类型的数据，但是不能存放函数。

（1）指向数组的指针。定义一个指向数组元素的指针变量的方法，与以前介绍的指向变量的指针变量相同。例如：

int a[10];//定义 a 为包含 10 个整型数据的数组

int ∗ p;//定义 p 为指向整型变量的指针变量

应当注意，如果数组为 int 型，则指针变量的基类型亦应为 int 型。

（2）通过指针引用数组元素。引用一个数组元素，可以用以下方法。

① 下标法，如：

a[i]

② 指针法，如：

∗（a＋i）或 ∗（p＋i）;//a 是数组名，p 是指向数组元素的指针变量，其初值 p＝a

3. 指针与字符串

字符串可以用字符数组来表示，也可以用指针来处理，指向字符串首地址的指针变量称作字符串指针，它实际上是字符类型的指针。其定义的一般形式为：

char ∗ 变量名;

利用一个字符串指针访问字符串通常可以采用以下两种方式：

（1）将一个字符数组的起始地址赋值指针变量。

例如：

char ＊p;

char s[]＝"abc";

p＝s;

字符串"abc"存储在字符数组 s 中，数组 s 的起始地址赋值给指针变量 p，则指针变量 p 就指向字符串"abc"。

（2）将一个字符串常量赋值给指针变量。

例如：

char ＊p;

p＝"abc";

字符串常量"abc"赋值给指针变量 p 的结果是将存储字符常量的起始地址赋值给指针变量 p，这样指针变量 p 就指向了字符串常量"abc"，并不是指针变量 p 的内容变成字符串"abc"。

三、实验内容

（1）输入 3 个整数，按由大到小的顺序输出，然后将程序改为：输入 3 个字符串，按由小到大顺序输出。

（2）将一个 3×3 的矩阵转置，用一函数实现，在主函数中用 scanf()函数输入以下矩阵元素：

$$\begin{bmatrix} 1 & 3 & 5 \\ 7 & 9 & 11 \\ 13 & 15 & 19 \end{bmatrix}$$

将数组名作为函数实参，在执行函数的过程中实现矩阵转置，函数调用结束后在主函数中输出已转置的矩阵。

（3）有 n 个人围成一圈，顺序排号。从第 1 个人开始报数（从 1 到 3 报数），凡报到 3 的人退出圈子，问最后留下的是原来第几号的人。

（4）用一个函数实现两个字符串的比较，即自己写一个 strcmp()函数，函数原型为：

int strcmp(char ＊p1,char ＊p2);

设 p1 指向字符串 s1，p2 指向字符串 s2，要求当 s1＝s2 时，函数返回值为 0；如果 s1≠s2，返回它们二者第一个不相同字符的 ASCII 码差值（如"BOY"与"BAD"，第二个字母不相同，"O"与"A"之差为 79－65＝14）；如果 s1＞s2，则输出正值；如果 s1＜s2，则输出负值。两个字符串 s1、s2 由 main()函数输入，strcmp()函数的返回值也由 main()函数输出。

（5）用指向指针的方法对 n 个整数排序并输出。要求将排序单独写成一个函数。n 和各整数在主函数中输入，最后在主函数中输出。

四、思考题

（1）如何理解指向函数的指针的应用方法？如何用指向函数的指针进行函数模板设计？我们的工作学习中哪些任务或环节可以归纳为某个函数模板操作？

（2）指针是整个 C 语言与数据结构课程中最难的部分，也是 C 语言部分和数据结构部分的关键连接点。请用 Excel 建立一张自己每月消费金额及消费项目（餐饮、学习用具、衣物、交通等）的记录表，对记录表进行添加行、删除行、添加列、删除列的处理，观察各操作前后的变化。想一想如何用结构体链表实现以上记录表的设计。

实验 1.10　串的模式匹配

一、实验目的及要求

（1）正确使用字符串处理函数。

（2）掌握串的模式匹配方法。

（3）掌握子串的提取及识别方法。

（4）要求：① 上机前画出程序流程图并完成部分实验程序编制任务；② 独立完成实验；③ 独立完成实验报告。

二、实验原理

1. 串类型的定义

由零个或多个字符组成的有限序列，也称字符串。如表 1-6 所示。

表 1-6　串类型

串类型函数	函数说明
StrAssign(&T,chars)//串赋值	初始条件：chars 是字符串常量。 操作结果：把 chars 赋为 T 的值
StrCopy(&T,S)//串复制	初始条件：串 S 存在。 操作结果：由串 S 复制得串 T
DestroyString(&S)	初始条件：串 S 存在。 操作结果：串 S 被销毁
ClearString(&S)	初始条件：串 S 存在。 操作结果：将串 S 清为空串
StrEmpty(S)	初始条件：串 S 存在。 操作结果：若串 S 为空串，则返回 TRUE，否则返回 FALSE
StrLength(S)//求串长	初始条件：串 S 存在。 操作结果：返回串 S 的元素个数
StrCompare(S,T)//串比较	初始条件：串 S 和 T 存在。 操作结果：若 S＞T，则返回值＞0；若 S＝T，则返回值＝0；若 S＜T，则返回值＜0
Concat(&T,S1,S2)//串连接	初始条件：串 S1 和 S2 存在。 操作结果：用 T 返回由 S1 和 S2 连接而成的新串
SubString(&Sub,S,pos,len) //求子串	初始条件：串 S 存在，$1 \leqslant pos \leqslant StrLength(S)$ 且 $0 \leqslant len \leqslant StrLength(S) - pos + 1$。 操作结果：用 Sub 返回串 S 的第 pos 个字符起长度为 len 的子串

表 1-6(续)

串类型函数	函数说明
Index(S,T,pos)//串定位	初始条件:串 S 和 T 存在,T 是非空串,1≤pos≤StrLength(S)。 操作结果:若主串 S 中存在和串 T 值相同的子串,则返回它在主串 S 中第 pos 个字符之后第一次出现的位置;否则函数值为 0
Replace(&S,T,V)//串替换	初始条件:串 S、T 和 V 存在,T 是非空串。 操作结果:用 V 替换主串 S 中出现的所有与 T 相等的不重叠的子串
StrInsert(&S,pos,T)	初始条件:串 S 和 T 存在,1≤pos≤StrLength(S)+1。 操作结果:在串 S 的第 pos 个字符之前插入串 T
StrDelete(&S,pos,len)	初始条件:串 S 存在,1≤pos≤StrLength(S)-len+1。 操作结果:从串 S 中删除第 pos 个字符起长度为 len 的子串

2. 串的存储表示

以一组地址连续的存储单元存储串值的字符序列,存储空间在程序执行过程中动态分配。C 语言中提供的串类型就是以这种存储方式实现的。系统利用函数 malloc() 和 free() 进行串值空间的动态管理,为每一个新产生的串分配一个存储区,称串值共享的存储空间为"堆"。C 语言中的串以一个空字符为结束符,串长是一个隐含值。

(1)串赋值,程序如下:

```
status StrAssign(Hstring&T,char*chars){//生成一个其值等于串常量 chars 的串 T
If (T.ch)free(ch);//释放 T 原有空间
  for(i=0,c=chars;c;++i,++c);//求 chars 的长度 i
  If(! i){T.ch=NULL; T.length=0;}
  else{
    if(! (T.ch=(char*)malloc(i*sizeof(char))))
      exit(OVERFLOW);
    T.ch[0···i-1]=chars[0···i-1];T.length=i;}
  return OK;
}// StrAssign
```

(2)串比较,程序如下:

```
Int StrCompare(Hstring S,Hstring T){//若 S>T,则返回值>0;若 S=T,则返回值=
                                    0;若 S<T,则返回值<0
for(i=0;i<S.length && i<T.length;++i)
  if (S.ch[i]! =T.ch[i])  return S.ch[i]-T.ch[i];
Return  S.length-T.length;
}// StrCompare
```

(3)串连接,程序如下:

```
Status Concat(Hstring&T,HStringS1,HstringS2){//用 T 返回由 S1 和 S2 连接而成
                                              的新串
  if (T.ch) free(T.ch);//释放旧空间
```

```
if(!（T.ch＝(char＊)malloc((S1.length＋S2.length)＊ sizeof(char)))) exit
(OVERFLOW);
    T.ch[0…S1.length－1]＝S1.ch[0…S1.length－1];
    T.length＝S1.length＋S2.length;
    T.ch[S1.length …T.length－1]＝S2.ch[0…S2.length－1];
    return OK;
}// Concat
```

（4）取子串，程序如下：

```
Status SubString(HString＆Sub,Hstring S,int pos,int len)｛
//用 Sub 返回串 S 的第 pos 个字符起长度为 len 的子串，其中 1≤pos StrLength(S)且
    0≤ len≤StrLength(S)－pos＋1
if (pos＜1 ||pos＞S.length || len＜0||len＞S.length－pos＋1)
    return ERROR;
    if (Sub.ch) free (Sub.ch); //释放旧空间
    if (! len){Sub.ch＝NULL；Sub.length＝0;} //空子串
    else｛ //完整子串
        Sub.ch＝（char＊）malloc (len＊sizeof(char));
        Sub.ch[0…len－1]＝S.ch[pos－1…pos＋len－2];
        Sub.length＝len;
    return OK;
}// SubString
```

3. 串的模式匹配

（1）模式匹配的简单算法。从主串 S 的第 pos 个字符起和模式串 T 的第一个字符比较，若相等，则继续比较后续字符；否则从主串的下一个字符起再重新和模式的字符比较。依此类推，直至模式 T 中的每个字符依次和主串 S 中的一个连续的字符序列相等，则称匹配成功，函数值为和模式 T 中第一个字符相等的字符在主串 S 中的序号，否则称匹配不成功，函数值为零。

（2）模式匹配的改进算法（KMP 算法）。KMP 算法的改进在于：每当匹配过程中出现字符比较不相等时，不需回溯 i 指针，而是利用已经得到的"部分匹配"的结果将模式向右"滑动"尽可能远的一段距离后，继续进行比较。

若在匹配过程中 $s_i＝p_j$，则 i 和 j 分别增 1，否则，i 不变，而 j 退到 next$[j]$ 的位置再比较，若相等，则指针各自增 1，否则 j 再退到下一个 next 值的位置，依此类推，直至下列两种可能：一种是 j 退到某个 next$[…]$ 时字符比较相等，则指针各自增 1，继续进行匹配；另一种是 j 退到值为零（即模式的第一个字符"失配"），则此时需将模式继续向右滑动一个位置，即从主串的一个字符 $s_i＋1$ 起和模式重新开始匹配。

三、实验内容

（1）输入一个英文句子，计算共有几个字符后输出。

（2）输入两条字符，判断字符是否相同，相同输出为"1"，不同输出为"0"，例如 s1＝

asdfg,s2＝asdgf,则输出"11100"。

实验提示:考虑是否可以对以上编码方式进行扩展,如不同的情况分为大于或小于。课外扩展学习信号编码相关知识及编码的应用,进而可以考虑是否可以用一个基本字符串作为密钥对输入字符串进行编码或压缩。

（3）给出一个字符串,要求包含若干数字,要求将字符串中的数字提取出来。

（4）编写一个程序,要求编写一个函数,用于提取一个字符串的子串,比如"hello"提取后为"el"。

四、思考题

（1）串的模式匹配算法主要是找相同的匹配,实际应用中,往往存在对比串中有错别字等异常情况,想一想如何对串的模式匹配算法的输入及输出进行限制,实现具有一定模糊匹配能力的模式匹配算法。请查阅网络资源及图书馆相关文献或说明。

（2）通过对思考题(1)的理解,进一步查阅相关资料,看看百度、谷歌、搜狗等搜索引擎是如何实现网络快速搜索功能的。除了这些应用外,串的模式匹配还有哪些具体应用?

实验 1.11　二　叉　树

一、实验目的

（1）理解二叉树的基本构造。
（2）实现二叉树的先序、中序、后序等各种遍历功能。
（3）了解二叉树的实际应用及其特性。
（4）结合程序掌握算法的实现。

二、实验原理

二叉树是 $n(n \geq 0)$ 个结点的有限集，它或为空树（$n=0$），或有一个根结点和两颗分别称为左子树和右子树的互不相交的二叉树构成。每个结点最多有两颗子树（即不存在度大于 2 的结点），二叉树的子树有左、右之分，且其次序不能任意颠倒。

二叉树的基本形态如图 1-11 所示。

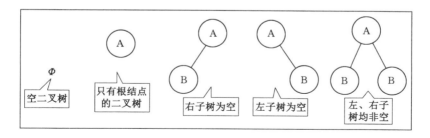

图 1-11　二叉树的基本形态

三、实验内容

在计算机科学中，二叉树是每个结点最多有两个子树的树结构，如图 1-12 所示。通常子树被称作"左子树"和"右子树"。二叉树在文件系统和数据库系统中均有应用，其主要优点是能提高排序和检索的效率。遍历是对树的一种最基本的运算，就是按照一定的规则和顺序走遍二叉树的所有结点，使每一个结点都被访问一次，而且只被访问一次。

本实验给出了二叉树的构建，以及先序遍历，实验要求写出中序及后序遍历的函数，程序如下：

```
# include <stdio.h>
# include <stdlib.h>
typedef char ElementType；
```

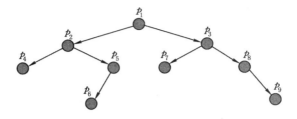

图 1-12 二叉树的结构

```
typedef Position BinTree;
typedef struct TNode *Position;
struct TNode {
    ElementType Data;
    BinTree Left;
    BinTree Right;
};
BinTree CreatBinTree();// 创建二叉树
void InorderTraversal(BinTree BT);
void PreorderTraversal(BinTree BT);// 前序遍历
void PostorderTraversal(BinTree BT);// 后续遍历
void LevelorderTraversal(BinTree BT);
int GetHeight(BinTree BT);// 求二叉树的高度
int main()
{
    BinTree BT = CreatBinTree();
    printf("Inorder:"); InorderTraversal(BT); printf("\n");
    printf("Preorder:"); PreorderTraversal(BT); printf("\n");
    printf("Postorder:"); PostorderTraversal(BT); printf("\n");
    printf("Levelorder:"); LevelorderTraversal(BT); printf("\n");
    return 0;
}
void PreorderTraversal(BinTree BT)
{
    if (BT != NULL)
    {
        printf(" %c", BT->Data);
        PreorderTraversal(BT->Left);
        PreorderTraversal(BT->Right);
    }
}
```

实验提示:重点理解二叉树中结点的建立及其在内存中的存储结构,体会先序遍历、中序遍历和后序遍历的基本原理,深入思考为什么会有不同的遍历方式,如何应用。

四、思考题

(1) 二叉树是学习树和图数据结构的基本结构,它同时具有链表删除、插入元素快以及数组直接下标访问的优点,可进行大批量的动态数据处理。显然,计算机操作系统的文件管理系统是一种典型的树状结构,请查阅相关文献了解 Windows 操作系统的文件管理结构,看一看这种结构是不是二叉树结构;如果不是,想一想为什么。

(2) 想一想,除了操作系统的文件管理系统是树状结构,"滴滴出行"等应用中的路线规划是否是用树状结构实现的。

(3) 除了树状结构外,图状结构也是工程应用中广泛采用的一种数据结构,查查网络及图书馆资料,看看哪些生活中的应用是由图状结构实现的。

实验 1.12　测井曲线处理综合实验

一、实验目的及要求

（1）理解 C 语言编程思想。

（2）掌握复杂 C 语言程序的编写框架和流程。

（3）熟练掌握函数、指针、数组等基本操作。

（4）掌握数据文件的读写方法。

（5）要求：① 上机前画出程序流程图并完成部分实验程序编制任务；② 独立完成实验；③ 独立完成实验报告。

二、实验原理

本实验为综合性实验，实验原理为本课程的所有学习内容，请参阅课程课件及前面实验的实验原理。

三、实验内容

本实验通过 C 语言编程解决一个比较复杂的实际问题。在油田的实际生产中，利用测井数据进行地下的油藏描述、储层分析具有重要意义。但受仪器设计、现场操作和井眼条件等因素的影响，测井数据易发生偏移误差，进而需要对原始曲线数据进行统计分析。针对这一问题，本实验要求通过 C 语言编程，对现场的实际数据进行如下处理：

（1）读取 txt 文档，实现测井数据的读取；

（2）计算每条测井数据的均值及方差；

（3）提取任意一条测井数据的局部标准差特征；

（4）对任意一条测井数据进行非线性映射$\left[f(x)=\dfrac{A}{B+\mathrm{e}^{-x}}, A=10, B=15\right]$，在进行非线性映射前需要进行曲线归一化（$N_{\text{normalized}}=\dfrac{x_i-x_{\min}}{x_{\max}-x_{\min}}$）。

实验提示：本实验问题相对复杂，需要对各个子任务进行进一步细化剖分，详细了解文件的读写与数据存取相关内容，详细了解子函数（模板）设计方法等内容，查找相关资料了解测井曲线（或股票价格时序数据、天气预报预测数据等）等实际数据的预处理的目的，并进一步了解实际工程应用中的数据处理流程是什么，最终的目的是什么。

四、思考题

（1）符合行业规范要求的行业数据文件是各种行业应用软件中经常要用到的，请了解油田行业测井曲线数据(＊.las)、常规地震数据(＊.sgy)等行业文件格式,看一看行业文件格式的数据文件中哪些数据是应用软件中的全局变量,哪些数据是实际的待处理数据。

(2)程序设计的目的主要是进行数据管理或数据处理,请查阅相关文献了解数据管理及数据处理等典型应用中都涉及哪些常用的基本操作,总结并体会数据管理或数据处理的目的和意义。

实验 1.13　波形显示仿真

一、实验目的

（1）掌握简易菜单设计方法。

（2）掌握二维数组行列坐标变换方法。

（3）实现用户输入波形选择。

（4）实现用户输入波形参数。

（5）实现用户波形的显示。

二、实验原理

本实验为综合性实验，实验原理为本课程的所有学习内容，请参阅课程课件及实验 1.1 至实验 1.12 的实验原理。

三、实验内容

根据实验目的及要求，波形显示仿真实验的实验步骤如下：

（1）实现简易波形显示程序菜单设计，要求提示用户选择波形（正弦波、三角波、矩形波）；

（2）实现波形参数输入：根据用户选择波形，提示用户输入对应的波形参数，如振幅、频率及相位等；

（3）实现显示区域二维数组的规划，完成波形物理坐标到二维数组行列坐标转换；

（4）根据波形方程对二维数组进行赋值，实现波形显示，如图 1-13 所示。

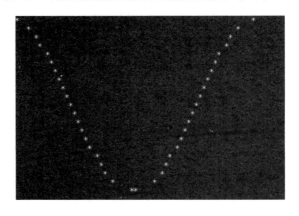

图 1-13　波形显示

四、思考题

很多具有绘图功能的软件,可以设置绘制图形的颜色、线型、粗细等属性。查找相关资料了解以上功能是如何实现的,重点了解 graphics.h 中定义绘图函数的使用方法,以及 Windows 操作系统下绘图事件发生及相应的一系列过程。

实验 1.14 校园最短路径导航

一、实验目的

(1) 掌握顶点、边及图等典型数据结构的定义方法。

(2) 掌握图结构最短路径算法的实际应用。

(3) 实现用户对校园中起点和终点的选择。

(4) 实现最短路径的选择及显示。

二、实验原理

本实验为综合性实验,实验原理为本课程的所有学习内容,请参阅课程课件及实验 1.1 至实验 1.12 的实验原理。

三、实验内容

根据实验目的及要求,校园最短路径实验的实验步骤如下:

(1) 实现地点信息的显示及起点和终点的选择。

① 1 号门　② 2 号门　③ 3 号门　④ 4 号门　⑤ 5 号门　⑥ 一食堂

⑦ 二食堂　⑧ 三食堂　⑨ 图书馆　⑩ 1H 教学楼　⑪ 1F 教学楼

⑫ 物理与电子工程学院　⑬ 石油工程学院　⑭ 机关楼……

请选择起点:

请选择终点:

(2) 根据起点和终点计算最短路径。

(3) 实现最短路径输出,如最短路径:物理与电子工程学院→图书馆→二食堂→3 号门;距离:800 m。

四、思考题

(1) 是否可以让用户输入地点和距离等信息创建用户自定义的地图?

(2) 是否可以对地点或路径根据应用(吃饭、欣赏校园美景、介绍各个学院等)进行加权,给出相应的最短路径?

第2章
面向对象程序设计 C＋＋

实验 2.1　C＋＋简单程序设计

一、实验目的及要求

（1）熟悉 Visual Studio 2012 开发环境，掌握 C＋＋基本的输入/输出操作。

（2）自学并掌握结构化程序设计基本控制结构的运用。

（3）掌握引用用法。

（4）设计重载函数。

（5）掌握递归方法编写函数。

（6）要求：① 实验前编写部分程序或者画出相关程序流程图；② 独立完成实验；③ 写出实验运行结果；④ 独立完成实验报告。

二、实验原理

1. 数据的输入与输出

（1）屏幕输出（插入操作）格式：

cout＜＜表达式＜＜表达式…

作用：把表达式的值，插入输出流。

（2）键盘输入（提取操作）格式：

cin＞＞表达式＞＞表达式…//两数间用空格，回车分隔

作用：从输入流中提取数据，赋给表达式。

2. 结构化程序设计基本控制结构

（1）if else 语句形式：

if(表达式)语句 1

else 语句 2

执行顺序：先计算表达式的值，若表达式值为 true，执行语句 1；否则执行语句 2。

（2）while 语句形式：

while(表达式)语句

执行顺序：先判断表达式(循环控制条件)的值，若为 true，再执行循环体(语句)；重复执行，直到表达式值为 false 时，结束循环。

（3）do-while 语句形式：

do 语句

while(表达式);

执行顺序：先执行循环体语句，后判断循环条件表达式的值，若为 true，继续执行循环体，否则结束循环。

（4）for 语句形式：

for(表达式 1;表达式 2;表达式 3)

语句

执行流程：先计算一次表达式 1 的值，再计算表达式 2(循环控制条件)的值，并根据表达式 2 的值判断是否执行循环体。若表达式 2 的值为 true,则执行一次循环体；否则退出循环。每执行一次循环体后，计算表达式 3 的值，然后再计算表达式 2,并根据表达式 2 的值决定是否继续执行循环体。

3. 递归问题

递归问题的一般描述：用递归函数求 $n!$；递归结束的条件：$f(k)=$ 常量；递归计算公式：$f(n)=$ 含有 $f(n-1)$ 的表达式。

函数递归的一般结构：

数据类型 f(n)

{if(n==k) return(常量);else return(f(n-1)的表达式);}

4. 引用传递

引用(&)是标识符的别名，例如：

int i,j;int &ri=i;//建立一个 int 型的引用 ri,并将其初始化为变量 i 的一个别名 j=10;ri=j;//相当于 i=j;

声明一个引用时，必须同时对它进行初始化，使它指向一个已存在的对象。一旦一个引用被初始化，就不能改为指向其他对象。例如，引用可以作为形参：

void swap(int &a, int &b) {…}

5. 重载函数

C++允许功能相近的函数在相同的作用域内以相同函数名声明，从而形成重载。这样方便使用，也便于记忆。例如：

int add(int x,int y);
float add(float x,float y);⎫ 形参类型不同

int add(int x,int y);
int add(int x,int y,int z);⎫ 形参个数不同

6. 调试功能

学习简单的 Debug 调试功能。

三、实验内容

（1）用穷举法找出 1~100 间的质数，显示出来。分别使用 while,do-while,for 循环语句实现。

（2）观察下面程序的运行输出，与你设想的有何不同？仔细体会引用的用法。

include <iostream.h>

int main()

{

int intOne;

int &rSomeRef=intOne;

```
intOne＝5；
cout<< "intOne：t\t" << intOne << endl；
cout << "rSomeRef：\t" << rSomeRef << endl；
int intTwo＝8；
rSomeRef = intTwo； // not what you think!
cout << "\nintOne：\t\t" << intOne << endl；
cout << "intTwo：\t\t" << intTwo << endl；
cout << "rSomeRef：\t" << rSomeRef << endl；
return 0；}
```

（3）用递归的方法编写函数求 Fibonacci 级数。公式为 $\mathrm{fib}(n)=\mathrm{fib}(n-1)+\mathrm{fib}(n-2)$，$n>2$；$\mathrm{fib}(1)=\mathrm{fib}(2)=1$。使用 if 语句判断函数出口，在程序中用 cin、cout 语句输出相关提示信息。

（4）编写三个名为 print 函数，实现重载，要求分别输出一个整数、一个 double 类型数据、一个字符串。

（5）设 int【10】＝{1221,2243,2332,1435,1236,5632,4321,4356,6754,3234}，输出已知 10 个四位数所有的对称数及个数 n。（选做）

实验 2.2 类 与 对 象

一、实验目的及要求

（1）掌握类和对象的声明及使用。

（2）学习定义构造函数、析构函数、复制构造函数、内联成员函数、带缺省形参值的成员函数。

（3）观察构造函数和析构函数的执行过程。

（4）学习类的组合的使用。

（5）学习类的静态成员的使用。

（6）要求：① 实验前编写部分程序或者画出相关程序流程图；② 独立完成实验；③ 写出实验运行结果；④ 独立完成实验报告。

二、实验原理

1. 类 的 定 义

类是一种用户自定义类型。声明形式：

class 类名称

｛ public：

公有成员（外部接口）

private：

私有成员

protected：

保护型成员 ｝

2. 类的对象的声明

类的对象是该类的某一特定实体，即类类型的变量。

声明形式：

类名对象名；

例如：

Clock myClock；

类中成员互访：直接使用成员名；类外访问：使用"对象名.成员名"方式访问 public 属性的成员。

3. 构造函数、复制构造函数、析构函数

声名形式：

class 类名｛

public：

类名(形参);//有参构造函数声明

类名(类名 & 对象名);//复制构造函数

～类名(){ };//析构函数...};

类名::类(类名 & 对象名)//复制构造函数的实现

{函数体}

构造函数作用:在对象被创建时使用特定的值构造对象,或者说将对象初始化为一个特定的状态。

析构函数作用:在对象的生存期结束的时刻系统自动调用它,然后再释放此对象所属的空间。

4.类组合的构造函数

原则:不仅要负责对本类中的基本类型成员数据赋初值,也要对对象成员初始化。

声明形式：

类名::类名(对象成员所需的形参,本类成员形参)

　　　　:对象 1(参数),对象 2(参数),......{ 本类初始化 }

三、实验内容

(1) 定义一个水果的类。要求:① 定义 3 个私有的数据成员,分别为水果编号、水果名称、进价。② 定义 6 个公有的成员函数,分别用于设置水果编号、水果名称、进价;显示输出水果编号、水果名称、进价。设置水果编号、水果名称、进价的函数体定义在类内,显示输出水果编号、水果名称、进价定义在类外。③ 定义水果类的对象,调用水果类中公有的成员函数。

(2) 设计一个长方体类,长、宽和高属性默认为 1,用成员函数计算长方体的体积。为该类的长、宽和高设置 set 和 get 函数,set 函数应验证长、宽和高均为 8～50 之间的浮点数。要求:① 定义无参的构造函数、析构函数。② 在主函数中输入长方体长、宽、高(实参值),定义长方体类的对象,调用计算长方体类的体积的函数。

(3) 定义一个 CPU 类,包含等级(Rank)、频率(Frequency)、电压(Voltage)等属性,有两个公有成员函数 Run、Stop。其中,Rank 为枚举类型 CPU__Rank,定义为 enum CPU_Rank{P1＝1,P2,P3,P4,P5,P6,P7},Frequency 为单位是 MHz 的整型数,Voltage 为浮点型的电压值。观察构造函数和析构函数的调用顺序。

(4) 设计一个用于人事管理的 People(人员)类。考虑到通用性,这里只抽象出所有类型人员都具有的属性:Number(编号)、Sex(性别)、Birthday(出生日期)、ID(身份证号)等。其中"出生日期"定义为一个"日期"类内嵌子对象。用成员函数实现对人员信息的录入和显示。要求包括构造函数、析构函数、复制构造函数、内联成员函数、带缺省形参值的成员函数。

(5) 实现客户机(CLIENT)类。定义字符型静态数据成员 ServerName,保存其服务器名称;整型静态数据成员 ClientNum,记录已定义的客户数量;定义静态函数 ChangeServerName()改变服务器名称。定义 show 函数,输出服务器端名字、用户数量。要求:定义(CLIENT)类构造函数(构造函数中显示"Client 构造函数被调用",ClientNum 加 1)和析构函数(析构函数中显示"Client 析构函数被调用",ClientNum 减 1)。(选做)

实验 2.3 数组、指针与字符串

一、实验目的及要求

（1）学习使用数组数据对象。

（2）掌握指针的使用方法，掌握动态空间的申请和释放。

（3）学习字符串数据的组织和处理。

（4）要求：① 实验前编写部分程序或者画出相关程序流程图；② 独立完成实验；③ 写出实验运行结果并独立完成实验报告。

二、实验原理

1. 对象数组

声明：

类名数组名[元素个数]；

访问方法：通过下标访问数组名[下标].成员名。

对象数组初始化，例如：

Point a[2]＝{Point(1,2),Point(3,4)}；

Point a[2]＝{Point(1,2)}；

2. 动态内存分配

（1）动态申请内存操作符 new：

new 类型名 T(初始化参数列表)

功能：在程序执行期间，申请用于存放 T 类型对象的内存空间，并根据初值列表赋以初值。

结果值：成功则为 T 类型的指针，指向新分配的内存；失败则为抛出异常。

（2）释放内存操作符 delete：

delete 指针 p

功能：释放指针 p 所指向的内存。p 必须是 new 操作的返回值。

3. 字符串

（1）用字符数组存储和处理字符串。

字符串常量：

const char ＊ STRING1 ＝ "program"；

字符串变量：

char str[8]＝{ 'p', 'r', 'o', 'g', 'r', 'a', 'm', '\0' }；

char str[8]＝"program"；

char str[]＝"program"；

（2）string 类。

常用构造函数：

string()；//缺省构造函数,建立一个长度为 0 的串

string(const char ＊s)；//用指针 s 所指向的字符串常量初始化 string 类的对象

string(const string& rhs)；//拷贝构造函数

例如：

string s1；//建立一个空字符串

string s2＝abc；//用常量建立一个初值为"abc"的字符串

string s3＝s2；//执行拷贝构造函数,用 s2 的值作为 s3 的初值

三、实验内容

（1）编写 1 个 $n \times n$ 矩阵转置的函数。参数为整型指针,使用指针对数组元素进行操作,在 main()中使用 new 操作符分配内存,实现动态数组；n 在程序中由用户输入,矩阵数据由用户输入。

（2）建立 1 个 student 类,包含有参构造函数（形参:学号、成绩）；整型数据成员:学号、成绩。建立 1 个函数 max,用于指向对象中成绩最好的学生（成绩、学号）；建立 1 个函数 min,用于指向对象中成绩最差的学生（成绩、学号）。在主函数中建立 1 个 student 类的对象数组,内放 10 个学生的数据（成绩、学号）,如下:

Studenta[10]＝{Student(1,50),Student(2,70),Student(3,88),Student(4,100),Student(5,47),Student(6,95),Student(7,80),Student(8,70),Student(9,67),Student(10,41)}

请输出成绩最好和最差学生的成绩和学号。

（3）编程实现 2 个字符串的连接,最后用 cout 语句输出。分别采用 C 语言风格字符串连接（可以使用函数 strcpy、strcat）和 C＋＋ string 类型字符串连接。

（4）定义 1 个 employee 类,其中包括姓名、街道地址、城市和邮编等属性,包括 chage_name()和 display()等函数；display()使用 cout 语句显示姓名、街道地址、城市和邮编等属性,函数 change_name()改变对象的姓名属性,实现并测试这个类。

（5）某公司有 4 个销售员（编号:1～4）,负责销售 5 种产品（编号:1～5）。每个销售员都将当天出售的每种产品各写一张便条交上来。每张便条包含内容:

① 销售员的代号；

② 产品的代号；

③ 这种产品的当天的销售额。

每位销售员每天可能上缴 0～5 张便条。假设,收集到了上个月的所有便条,编写 1 个处理系统,读取上个月的销售情况（自己设定）,进行如下处理:

① 计算上个月每个人每种产品的销售额。

② 按销售额对销售员进行排序,输出排序结果（销售员代号）。

③ 统计每种产品的总销售额,对这些产品的总销售额按从高到低的顺序,输出排序结果（需输出产品的代号和销售额）。

④ 输出统计报表:a. 销售统计报表；b. 产品代号及销售之和；c. 销售员代号。

实验 2.4　类的继承、派生与多态性

一、实验目的及要求

（1）学习声明和使用类的继承关系，声明派生类。

（2）掌握运算符重载的方法。

（3）学习使用虚函数实现动态多态性。

（4）利用类、继承、多态等知识完成综合程序设计。

（5）要求：① 实验前编写部分程序或者画出相关程序流程图；② 独立完成实验；③ 写出实验运行结果；④ 独立完成实验报告。

二、实验原理

1. 类的继承与派生

保持已有类的特性而构造新类的过程称为继承；在已有类的基础上新增自己的特性而产生新类的过程称为派生。

继承的目的：实现代码重用。

派生的目的：当新的问题出现，原有程序无法解决（或不能完全解决）时，需要对原有程序进行改造。

2. 派生类的声明

class 派生类名：继承方式基类名

｛成员声明；｝

例如：

class Derived：public Base1

｛public：

Derived（）；

～Derived（）；｝；

3. 运算符重载的规则

C＋＋几乎可以重载全部的运算符，但只能够重载C＋＋中已经有的。不能重载的运算符有：".""．＊""：："”?："。重载之后运算符的优先级和结合性都不会改变。运算符重载是针对新类型数据的实际需要，对原有运算符进行的适当改造。重载方式有：重载为类的非静态成员函数和重载为非成员函数。

4. 一般虚函数成员

C＋＋中引入了虚函数的机制在派生类中可以对基类中的成员函数进行覆盖（重定义）。虚函数的声明：

Virtual 函数类型函数名(形参表)

｛

函数体

｝

5. 纯虚函数

纯虚函数是一个在基类中声明的虚函数,它在该基类中没有定义具体的操作内容,要求各派生类根据实际需要定义自己的版本,纯虚函数的声明格式为:

virtual 函数类型函数名(参数表)＝0;

带有纯虚函数的类称为抽象类:

class 类名

｛virtual 函数类型函数名(参数表)＝0; //纯虚函数

…｝

抽象类的作用:抽象类为抽象和设计的目的而声明,将有关的数据和行为组织在一个继承层次结构中,保证派生类具有要求的行为。

对于暂时无法实现的函数,可以声明为纯虚函数,留给派生类去实现。

三、实验内容

(1) 设计一个图形类 shape,基类部分的共同特征(如宽等)和方法(如初始化、求面积等)。以此为基础,派生出矩形 rectangle、圆形 circle。二者都有计算面积的函数以及计算周长的函数。使用 rectangle 类再派生出一个 square。

(2) 声明了点类 point,并对运算符"＝＝"进行了重载定义,用来判断两个点对象是否相等,如果两个点的横纵坐标相等,表示两个点相同,返回一个布尔值 Ture;否则返回布尔值 False。对运算符"！＝"进行重载时调用了运算符"＝＝"的重载函数。

(3) 利用抽象类编写一个程序实现公交车卡售票管理。当输入为"老年卡"、"学生卡"和"普通卡"时显示不同的卡类,以及购票金额("老年卡"购票金额＝原价×50％、"学生卡"购票金额＝原价×60％、"普通卡"购票金额＝原价×95％)。具体实现步骤:

第一步,建立公交卡(boardingcard)的结构。

第二步,创建并实现公交卡类构造函数、公交卡充值函数、公交卡余额查询函数、公交卡刷卡消费函数,创建纯虚函数用于完成刷卡种类显示和设置折扣率的操作。

第三步,建立普通卡类(Acard)、学生卡类(Bcard)、老年卡类(Ccard)的结构,它们的基类均为 boardingcard,分别在这三个派生类中实现基类中定义的两个虚函数。

(4) 定义一个车(Vehicle)基类,有 Run、Stop 等成员函数,由此派生出自行车(Bicycle)、汽车(Car),从自行车(Bicycle)、汽车(Car)派生摩托车类,它们都有 Run、Stop 等成员函数。观察虚函数作用。(选做)

(5) ① 定义一个课程类 CCourse,其中包含课程号(Long no)、课程学分(Float credit)两个数据成员,以及相应的构造函数、复制构造函数、析构函数和打印数据成员的成员函数 print(),为 CCourse 类增加一个静态数据成员课程总数(int total_course),并增加一个静态成员函数 getTotalCourse()获取 total_course 的值,编写一个友元函数 getCourseNo()获取课程号 no。

注意说明数据成员和成员函数的存储类型,以便能够用类名来调用 getTotalCourse(),为 CCourse 类定义小于运算符("<")重载函数,CCourse 类对象大小的比较是根据其课程学分(credit)的值的大小来实现的。编写测试程序对 Ccourse 类进行测试。

② 以 CCourse 类为基类,派生出面向对象程序设计课程类 COOP,并在该类中增加一个表示开课单位的指针数据成员(char * p_openby)和根据学生学号判断能否选课的成员函数 bool select(const char * p_xh)(只有学号前 4 位为 2010 的学生可选面向对象程序设计课程)。写出 COOP 类的完整定义[包括构造函数、复制构造函数、析构函数和 select()成员函数的实现]。编写测试程序进行测试。(选做)

实验 2.5　数据的共享与保护

一、实验目的及要求

（1）观察程序运行中变量的作用域、生存期和可见性。

（2）学习类的静态成员使用。

（3）要求:① 实验前编写部分程序或者画出相关程序流程图;② 独立完成实验;③ 写出实验运行结果;④ 独立完成实验报告。

二、实验原理

1. 静态数据成员

用关键字 static 声明,该类的所有对象维护该成员的同一个拷贝,静态数据成员具有静态生存期。

说明:必须在类外定义和初始化。

引用:

通过类引用＜类名＞::＜静态数据成员＞

或　＜对象＞.＜静态数据成员＞

2. 静态函数成员

声明:

static ＜类型＞＜成员函数名＞(＜参数表＞)

静态成员函数只能引用属于该类的静态数据成员或静态成员函数。

引用:

＜类名＞::＜静态成员函数名＞(＜参数表＞)

或　＜对象名＞.＜静态成员函数名＞(＜参数表＞)

函数实现:类内或类外。

三、实验内容

（1）运行下面的程序,看看运行结果与你设想的有何不同。

```
# include＜iostream＞
using namespace std;
void? myFunction();
int x＝5,y＝7;
int main() {
cout    2022    2022        20222022
```

```
cout    2022    2022        20222022
myFunction（）；
cout    2022    myFunction！\n\n"；
cout    2022    2022        20222022
cout    2022    2022        20222022
return 0；}
void myFunction（） {
int y＝10；
cout    2022    myFunction："<<x<<"\n"；
cout    2022    myFunction："<<y<<"\n\n"；}
```

（2）定义一个 Cat 类，拥有静态数据成员 HowManyCats，记录 Cat 的个体数目；利用静态成员函数 GetHowMany（），存取 HowManyCats。设计程序测试这个类，体会静态数据成员和静态成员函数的用法。

（3）假设有两个无关系的类 Engine 和 Fuel，使用时，怎样允许 Fuel 成员访问 Engine 中的私有和保护的成员？

（4）在函数 fn1（）中定义一个静态变量 n，fn1（）中对 n 的值加 1，在主函数中，调用 fn1（）10次，显示 n 的值。

实验 2.6　综 合 实 验

一、实验目的及要求

（1）练习使用指针数组和指向数组的指针。

（2）掌握类与对象,new 和 delete 的使用方法。

（3）掌握使用 C＋＋语言的抽象类和派生类实现继承性。

（4）要求:① 实验前编写部分程序或者画出相关程序流程图;② 独立完成实验;③ 写出实验运行结果;④ 独立完成实验报告。

二、实验原理

本实验为综合性实验,实验原理为本课程的所有学习内容,请参阅课程课件及实验 2.1 至实验 2.5 的实验原理。

三、实验内容

（1）一个班有 5 名学生,每个学生修了 5 门课,求:① 每个学生的平均成绩,并输出每个学生的学号、每门课程的成绩及平均值;② 某门课程的平均分。

实现要求:分别编写 2 个函数实现以上 2 个要求,第 1 个函数用数组名作参数,第 2 个函数用指针作参数,并在函数体内用指针对数组操作。

（2）在 main 函数中,完成以下工作:

① 动态创建一个 CRectangle 类的对象 a_rectagnle,其初始的左下角和右上角坐标分别为（2,5）、（6,8）。

② 调用 GetPerimeter 和 GetArea 获得矩形周长和面积,并将矩形周长和面积显示在屏幕上;调用 SetLPoint 设置 a_rectagnle 的左下角为（4,6）,调用 SetRPoint 设置 a_rectagnle 的右上角为（7,9）;调用 GetPerimeter 和 GetArea 获得矩形周长和面积,并将矩形周长和面积显示在屏幕上。

③ 销毁该动态创建的对象。

（3）实现一个 main 函数,在 main 函数中至少完成如下工作:

① 实例化一个 CCube 类的对象 a_cube 和 CSphere 类的对象 c_sphere;定义一个 CStereoShape 类的指针 p。

② 将 a_cube 的长、宽和高分别设置为 4、5 和 6;将 p 指向 a_cube,通过 p 将 a_cube 的表面积和体积显示在屏幕上。

③ 将 c_sphere 的半径设置为 7;将 p 指向 c_sphere,通过 p 将 c_sphere 的表面积和体积显示在屏幕上。

第 3 章
计算机应用程序设计

实验 3.1　Python 程序设计的 turtle 绘图

一、实验目的

（1）了解什么是 Python。

（2）了解 Python 的特性。

（3）学习下载和安装 Python。

（4）学习执行 Python 命令和脚本文件的方法。

（5）学习 Python 语言的基本语法。

（6）下载和安装 anaconda。

（7）学习使用 Python 的集成开发环境 anaconda&spyder。

（8）掌握 turtle 的基本绘图。

二、实验原理

1. Python 简介

Python 由吉多·范罗苏姆于 20 世纪 90 年代初设计，作为一门叫作 ABC 语言的替代品。Python 提供了高效的高级数据结构，还能简单有效地面向对象编程。Python 的语法和动态类型，以及解释型语言的本质，使它成为多数平台上写脚本和快速开发应用的编程语言，随着版本的不断更新和语言新功能的添加，逐渐被用于独立的、大型的项目开发。

Python 解释器易于扩展，可以使用 C 语言或 C++（或者其他可以通过 C 调用的语言）扩展新的功能和数据类型，Python 也可用于可定制化软件中的扩展程序语言。Python 丰富的标准库，提供了适用于各个主要系统平台的源码或机器码。2021 年 10 月，语言流行指数的编译器 Tiobe 将 Python 加冕为最受欢迎的编程语言，多年来首次将其置于 Java、C 和 JavaScript 之上。

2. turtle 库

诞生于 1966 年的 turtle 库，是基于 LOGO 编程语言的图形绘制函数库，由于其简单直观、容易掌握，后来被 Python 引用，成为 Python 的一个标准库，利用 turtle 可以制作很多复杂的绘图，turtle 名称含义为"海龟"，想象一只海龟，位于显示器上窗体的正中心，在画布上游走，它游走的轨迹就形成了绘制的图形。海龟的运动由程序控制，它可以变换颜色、改变大小（宽度）等。

（1）画布。画布是 turtle 库中设置的绘图区域（窗口），可以直接使用默认，也可以定义它的大小和初始位置。屏幕的左上角为原点。

① 定义绘图窗口大小和背景颜色,如下:

turtle.screensize(width,height,bg)

参数分别为画布的宽,高,背景颜色。当输入的宽、高值为整数时,表示像素;为小数时,表示占据电脑屏幕的比例。

② 定义绘图窗口大小和初始位置,如下:

turtle.setup(width,height,startx,starty)

参数分别为画布的宽,高,距屏幕左侧距离,距屏幕上边距离。如果不设定 startx 和 starty,则绘图窗口位于屏幕中心。

(2) turtle 空间坐标体系。

① 绝对空间坐标:绘图窗体中心为坐标原点,向右为 x 轴,向上为 y 轴。与数学中的直角坐标系相同。例如:

turtle.goto(x,y)//直接跳转到相应的坐标点(x,y)

② 海龟坐标:即以海龟的角度来看,有前、后、前进方向左侧、前进方向右侧四个方向。例如:

turtle.fd(d)//向前前进 d 像素

turtle.bk(d)//向后前进 d 像素

turtle.circle(r,angle)//以 r 为半径,旋转 angle 角度。r 为正,向前进方向左侧旋转,r 为负,则相反

③ 绝对角度坐标系:x 轴为 0°,逆时针为角度正值,顺时针为角度负值。例如:

turtle.seth(angle)//改变行进方向,但不行进

(3) RGB 色彩模式。RGB 色彩模式是工业界的一种颜色标准,是通过对红(R)、绿(G)、蓝(B)三个颜色通道的变化以及它们相互之间的叠加来得到各式各样的颜色,RGB 即代表红、绿、蓝三个通道的颜色,这个标准几乎包括了人类视觉所能感知的所有颜色,是运用最广的颜色系统之一。例如:

turtle.colormode(mode)

mode=1

mode=255

trutrle.pencolor('color)

其中,color 为颜色字符串,如"red""blue"。

RGB 小数数值可表示如下:

turtle.pencolor(0.66,0.18,0.91)

RGB 元组值可表示如下:

turtle.pencolor(0.66,0.18,0.91)

(4) 画笔,程序如下:

turtle.pensize()//设置画笔的宽度

turtle.pencolor()//传入参数可设置画笔的颜色,可以是字符串"green""red",也可以是 RGB 3 元组,不传入参数则返回当前画笔的颜色

turtle.speed()//设置画笔的移动速度,画笔绘制的速度范围为[0,10]的整数,数字越大越快

表 3-1 为画笔运动命令,表 3-2 为画笔控制命令,表 3-3 为全局控制命令。

表 3-1 画笔运动命令

语法	一般形式	效果
turtle.forward	turtle.forward(a)	向当前画笔方向移动 a 像素长度
turtle.backward	turtle.backward(a)	向当前画笔相反方向移动 a 像素长度
turtle.right	turtle.right(a)	顺时针移动
aturtle.left	aturtle.left(a)	逆时针移动
aturtle.pendown	aturtle.pendown( )	移动时绘制图形
turtle.goto	turtle.goto(x,y)	将画笔移动到坐标为 x,y 的位置
turtle.penup	turtle.penup( )	移动时不绘制图形,提起笔
turtle.speed	turtle.speed(a)	画笔绘制的速度范围
turtle.circle	turtle.circle( )	画图,半径为正,表示圆心在画笔的左边画圈

表 3-2 画笔控制命令

语法	一般形式	效果
turtle.pensize	turtle.pensize(width)	绘制图形的宽度
turtle.pencolor	turtle.pencolor()	设置画笔的颜色
turtle.fillcolor	turtle.fillcolor(a)	绘制图形的填充颜色
turtle.color	turtle.color(a1,a2)	同时设置 pencolor=a1,fillcolor=a2
turtle.filling	turtle.filling()	返回当前是否在填充状态
turtle.begin_fill	turtle.begin_fill()	准备开始填充图形
turtle.end_fill	turtle.end_fill()	填充完成
turtle.hideturtle	turtle.hideturtle()	隐藏箭头显示
turtle.showturtle	turtle.showturtle()	显示箭头

表 3-3 全局控制命令

语法	效果
turtle.clear()	清空 turtle 窗口,但是 turtle 的位置和状态不会改变
turtle.reset()	清空窗口,重置 turtle 状态为起始位置
turtle.undo()	撤销上一个 turtle 动作

三、实验内容

(1)练习人机对话:根据姓名、性别、年龄等分别提问及回答。

(2)完成如下输出的程序:

123.456

Hello

Who do you think I am?

'nice guy'

Oh,yes! I am a

nice guy

（3）编写一个猜年龄的小游戏。

（4）编写程序，在屏幕上显示如图 3-1 所示的信息。

```
##############################
# 新年贺卡
# python0101.py
# 2019
##############################
```

图 3-1　显示信息

（5）输入直角三角形两直角边 a、b，求斜边 c，并输出。

（6）编写程序，输入球的半径，计算球的表面积和体积，半径为实数，用 r，结果输出为浮点数，共 10 位，其中 2 位有效数字。

（7）turtle 绘图：画多边形，由键盘输入控制多边形的边数。

（8）参考如图 3-2 所示的蟒蛇绘图，改变蟒蛇的颜色。

图 3-2　蟒蛇绘图

（9）在 Python 交互式执行模式下，输入 import this，体会 Python 之禅。（选做）

The Zen of Python，by Tim Peters

Beautiful is better than ugly.

Explicit is better than implicit.

Simple is better than complex.

Complex is better than complicated.

Flat is better than nested.

Sparse is better than dense.

Readability counts.

Special cases aren't special enough to break the rules.

Although practicality beats purity.

Errors should never pass silently.

Unless explicitly silenced.

In the face of ambiguity，refuse the temptation to guess.

There should be on-- and preferably only one --obvious way to do it.

Although that way may not be obvious at first unless you're Dutch.

Now is better than never.

Although never is often better than ＊right＊ now.

If the implementation is hard to explain，it's a bad idea.

If the implementation is easy to explain，it may be a good idea.

Namespaces are one honking great idea -- let's do more of those!

实验 3.2　Python 程序设计的结构控制

一、实验目的

（1）掌握逻辑运算符和逻辑表达式，关系运算符和关系表达式的书写和意义。

（2）结合程序掌握一些简单的结构化编程语句的算法。

（3）熟悉掌握用 while 语句、for 语句、if 语句实现结构化编程方法。

（4）利用结构化编程语句实现程序的编写。

二、实验原理

1. if 语句的使用

在 Python 中，要构造分支结构可以使用 if、elif 和 else 关键字。

下面的例子中演示了如何构造一个分支结构。

```
# 用户身份验证
username＝input('请输入用户名：')
password＝input('请输入口令：')
if username＝＝'admin' and password ＝＝ '123456'：
    print('身份验证成功！')
else：
    print('身份验证失败！')
```

2. 循环语句

在 Python 中构造循环结构有两种做法，一种是 for-in 循环，一种是 while 循环。

（1）for-in 循环。如果明确知道循环执行的次数或者要对一个容器进行迭代（后面会讲到），那么我们推荐使用 for-in 循环，例如下面代码中计算 1～100 求和的结果。

```
# 用 for-in 循环实现 1～100 求和
sum＝0
for x inrange(101)：
sum＋＝ x
print(sum)
```

（2）while 循环。while 循环通过一个能够产生或转换出 bool 值的表达式来控制循环，表达式的值为 True 循环继续，表达式的值为 False 循环结束。下面我们通过一个"猜数字"的小游戏（计算机出一个 1～100 之间的随机数，人输入自己猜的数字，计算机给出对应的提示信息，直到人猜出计算机出的数字）来看看如何使用 while 循环。

```
import random
```

```
answer = random.randint(1,100)
counter = 0
while counter<7：
  counter += 1
number = int(input('请输入：'))
if number < answer：
  print('大一点')
elif number > answer：
  print('小一点')
else：
  print('恭喜你猜对了！')
  break
else：
  print('太遗憾了,您没有猜出正确答案！')
print('你总共猜了%d次'% counter)
```

三、实验内容

（1）英制单位英寸和公制单位厘米的互换：1 in＝2.54 cm。

（2）百分制成绩转换成等级制成绩：90 分以上→A,80～89 分→B,70～79 分→C,60～69 分→D,60 分以下→E。

（3）打印乘法口诀。

（4）输入两个正整数,计算最大公约数和最小公倍数。

（5）寻找水仙花数。

（6）输出斐波那契数列的前 20 个数。

（7）对 10 个 10～100 随机整数进行因数分解。（选做）

实验 3.3　Python 程序设计的组合数据类型

一、实验目的

（1）了解 3 类基本组合数据类型。

（2）理解列表概念并掌握 Python 中列表的使用。

（3）理解字典概念并掌握 Python 中字典的使用。

（4）理解字典概念并掌握 Python 中元组的使用。

二、实验原理

下面介绍组合数据类型。

1. 列表类型

List 可以使用[]或是 list()来创建空的，或是直接加入值进去，使用逗号区分即可。内容可以重复出现，且具有顺序性。List 里面可以包含不同类型的 object，当然也包括 list。如表 3-4 所示。

表 3-4　列表类型

语法	效果
list.extend()或＋＝	合并 list
list.insert()	在指定位置插入元素，如果位置超过最大长度则放在最后面，故不会飞到很远或出错
del Object	用来删除某个位置的元素，剩余元素会自动往前填补
list.remove()	用来移除指定元素
list.pop()	类似剪出的效果，可以将指定位置的元素剪出来，默认 index 为 －1
list.index()	查找指定元素第一次出现的 index
in Object	判断指定元素是否存在
list.count()	计算指定元素出现次数

2. tuple 类型

具有以下特性：

（1）空间较小。

（2）不会不小心修改到值。

（3）可以当作 dictionary 的 key 值。

（4）命名 tuples，可以作为 object 的替代。

（5）函数的传递是以 tuples 形式传递。

3. 字典类型

一种没有顺序的容器,使用{ },里面包含键值与值(key:value)。如表 3-5 所示。

表 3-5　字典类型

语法	效果
D.update()	合并不同 dictionary
del Object	删除某项
in Object	是否存在里面(key)
* D.keys() *	获得所有 key 值
D.values()	获得所有 value 值
* D.items() *	获得全部的 key: value(tuples 类型)
* D.copy() *	复制一个 dictionary
* D.clear() *	清除所有内容

三、实验内容

(1) 在屏幕上显示跑马灯当前系统时间。

(2) 键盘输入年份,显示该年份出生的人的属相。

(3) 设计一个函数产生指定长度的验证码,验证码由大小写字母和数字特殊字符构成。

(4) 计算指定的年月日是这一年的第几天。

(5) 打印杨辉三角。

(6) 莫尔斯电码采用了短脉冲和长脉冲(分别为点和点划线)来编码字母和数字。例如,字母 A 是点划线,B 是划线点点点。如图 3-3 所示。

A	·—	N	—·	1	·————
B	—···	O	———	2	··———
C	—·—·	P	·——·	3	···——
D	—··	Q	——·—	4	····—
E	·	R	·—·	5	·····
F	··—·	S	···	6	—····
G	——·	T	—	7	——···
H	····	U	··—	8	———··
I	··	V	···—	9	————·
J	·———	W	·——	0	—————
K	—·—	X	—··—	?	··——··
L	·—··	Y	—·——	/	—··—·
M	——	Z	——··	.	·—·—·—
()	—·——·—	—	—····—	@	·——·—·

图 3-3　莫尔斯电码表

① 创建字典,将字符映射到莫尔斯电码。

② 输入一段英文,翻译成莫尔斯电文。

实验 3.4　Python 程序设计的综合实验一

一、实验目的

(1) 理解并掌握文件的读取方法。

(2) 理解并掌握复合数据:列表、元组、字典等。

(3) 理解并掌握 for-in 循环本质与工作原理。

(4) 理解递归函数工作原理,并会使用递归函数解决实际问题。

(5) 熟练运用选择结构与循环结构解决实际问题。

(6) 培养分析问题以及建模的能力。

二、实验原理

本实验为综合性实验,实验原理请参阅课程课件及实验 3.1~实验 3.3 的实验原理。

三、实验内容

(1) 编程统计 *Hamlet* 中每个单词出现的次数。

(2) 使用蒙特·卡罗方法计算圆周率近似值。蒙特·卡罗方法是一种通过概率来得到问题近似解的方法,在很多领域都有重要的应用,其中就包括圆周率近似值的计算问题。假设有一块边长为 2 的正方形木板,上面画一个单位圆,然后随意往木板上扔飞镖,落点坐标(x,y)必然在木板上(更多的时候是落在单位圆内),如果扔的次数足够多,那么落在单位圆内的次数除以总次数再乘以 4,这个数字会无限逼近圆周率的值。这就是蒙特·卡罗发明的用于计算圆周率近似值的方法,如图 3-4 所示。编写程序,模拟蒙特·卡罗计算圆周率近似值的方法,输入掷飞镖次数,然后输出圆周率近似值。

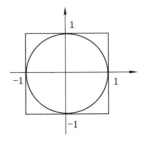

图 3-4　圆周率计算模型

(3) 小明爬楼梯。假设一段楼梯共 15 个台阶,小明一步最多能上 3 个台阶。编写程序计算小明上这段楼梯一共有几种方法。

(4) 抓狐狸游戏。编写程序,模拟抓狐狸小游戏。假设一共有一排 5 个洞口,小狐狸最开始的时候在其中一个洞口,然后玩家随机打开一个洞口,如果里面有狐狸就抓到了。如果洞口里没有狐狸就第二天再来抓,但是第二天狐狸会在玩家来抓之前跳到隔壁洞口里。

实验 3.5　Python 程序设计的综合实验二

蒙蒂霍尔悖论游戏

一、实验目的

（1）了解蒙蒂霍尔悖论内容。
（2）了解游戏规则。
（3）熟练运用字典方法和集合运算。
（4）了解断言语句 assert 的用法。
（5）熟练运用循环结构。

二、实验内容

假设你正参加一个有奖游戏节目，并且有三个门可选：其中一个后面是汽车，另外两个后面是山羊。你选择一个门，比如说 1 号门，主持人当然知道每个门后面是什么并且打开了另一个门，比如说 3 号门，后面是一只山羊。这时，主持人会问你"你想改选 2 号门吗?"，然后根据你的选择确定最终要打开的门，并确定你获得山羊(输)或者汽车(赢)。

猜 数 游 戏

一、实验目的

（1）熟练运用选择结构与循环结构解决实际问题。
（2）注意选择结构嵌套时代码的缩进与对齐。
（3）理解带 else 子句的循环结构执行流程。
（4）理解条件表达式 value1 if condition else value2 的用法。
（5）理解使用异常处理结构约束用户输入的用法。
（6）理解带 else 子句的异常处理结构的执行流程。

二、实验内容

编写程序模拟猜数游戏。程序运行时，系统生成一个随机数，然后提示用户进行猜测并根据用户输入进行必要的提示(猜对了、太大了、太小了)，如果猜对则提前结束程序，如果次数用完仍没有猜对，提示游戏结束并给出正确答案。

恺 撒 加 密

一、实验目的

（1）了解 Python 标准库 string。

（2）理解恺撒加密算法原理。

（3）理解切片操作。

（4）熟练运用字符串对象的方法。

二、实验内容

编写程序，要求输入一个字符串，然后输入一个整数作为恺撒加密算法的密钥，然后输出该字符串加密后的结果。

实验 3.6　手写数字识别系统

人工智能(artificial intelligence,AI)是研究、开发用于模拟、延伸和扩展人的智能的理论、方法、技术及应用系统的一门新的技术科学。人工智能是包括十分广泛的科学,它由不同的领域组成,如机器学习、计算机视觉等,总的说来,人工智能研究的一个主要目标是使机器能够胜任一些通常需要人类智能才能完成的复杂工作。手写数字识别是人工智能的入门级训练项目,该项目使学生能够对前沿科技有感性认识,激发学生的学习兴趣和学习热情。

一、实验目的

(1) 掌握并熟练 Python 基本语法。
(2) 了解神经网络基础知识。
(3) 了解 TensorFlow 框架的基本使用。
(4) 熟悉线性代数基本知识。

二、实验原理

在本例的手写数字识别模型中,输入是多个批次大小为 28×28 的灰度图,将灰度图中的像素值与权重值相乘,然后再加上一个偏执量就可以得到一个输出值,最后利用输出值和实际值进行一个交叉熵计算,我们就可以得到误差值,这个误差值可以作为更新权重的参照,不断地迭代计算上面步骤我们就可能得到一个最优的权重值和偏执量,这两个参数就是这个网络所学习到的参数,可以用来预测图 3-5 中的手写数字是哪个数字。

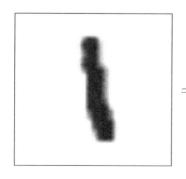 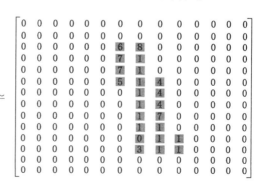

图 3-5　手写数字

三、实验环境

Python3.7 及以上版本，TensorFlow1.14 及以上版本，Windows10。

四、实验内容

完成 Python 代码编写，实现手写数字的识别并讨论识别的准确率。

第 4 章
MATLAB 语言及实践训练

实验 4.1　MATLAB 运算基础

一、实验目的

（1）熟悉启动和退出 MATLAB 的方法。

（2）熟悉 MATLAB 命令窗口的组成。

（3）掌握建立矩阵的方法。

（4）掌握 MATLAB 各种表达式的书写规则以及常用函数的使用。

二、实验原理

1. MATLAB 的启动

MATLAB 系统的启动有三种常见方法：

（1）使用 Windows"开始"菜单；

（2）运行 MATLAB 系统启动程序 MATLAB.exe；

（3）利用快捷方式。

2. MATLAB 系统的退出

要退出 MATLAB 系统，也有三种常见方法：

（1）在 MATLAB 主窗口 File 菜单中选择 Exit MATLAB 命令；

（2）在 MATLAB 命令窗口输入 Exit 或 Quit 命令；

（3）单击 MATLAB 主窗口的"关闭"按钮。

3. MATLAB 帮助窗口

进入帮助窗口可以通过以下三种方法：

（1）单击 MATLAB 主窗口工具栏中的 help 按钮；

（2）在命令窗口中输入 helpwin、helpdesk 或 doc；

（3）选择 help 菜单中的"MATLAB help"选项。

4. MATLAB 帮助命令

（1）help 命令。在 MATLAB 命令窗口直接输入 help 命令将会显示当前帮助系统中所包含的所有项目，即搜索路径中所有的目录名称。同样，可以通过 help 加函数名来显示该函数的帮助说明。

（2）lookfor 命令。help 命令只搜索出那些关键字完全匹配的结果，lookfor 命令对搜索范围内的 m 文件进行关键字搜索，条件比较宽松。

（3）模糊查询。用户只要输入命令的前几个字母，然后按 Tab 键，系统就会列出所有以这几个字母开头的命令。

5. 赋值语句

(1) 变量＝表达式；

(2) 表达式。

6. 矩阵的建立

(1) 直接输入法：将矩阵的元素用方括号括起来，按矩阵行的顺序输入各元素，同一行的各元素之间用空格或逗号分开，不同行的元素之间用分号分开；

(2) 利用 m 文件建立矩阵；

(3) 利用冒号表达式建立一个向量 *e1：e2：e3*；

(4) 利用 linspace 函数产生行向量 linspace(*a*，*b*，*n*)。

三、实验内容

(1) 先求下列表达式的值，然后显示 MATLAB 工作空间的使用情况并保存全部变量。

① $z_1 = \dfrac{2\sin 85°}{1 + e^2}$；

② $z_2 = \dfrac{1}{2}\ln(x + \sqrt{1 + x^2})$，其中 $x = \begin{bmatrix} 2 & 1+2i \\ -0.45 & 5 \end{bmatrix}$。

(2) 编写函数文件实现以下功能：

$$g(x) = (1 - 2x^2)\exp(-x^2)$$

① 计算当 x＝1 和 x＝2 时 g(x) 的结果；

② 计算当 $x = \begin{bmatrix} 2 & 3 & 4 & 5 & 0 \end{bmatrix}$ 时 g(x) 的结果；

③ 使用 fplot 和 plot 命令绘制 $-3 \leqslant x \leqslant 3$ 时的图形（从 MATLAB 帮助文档中自己学习这两个函数的用法）。

(3) 写一个或两个 m 文件来实现摄氏度（℃）与华氏度（℉）的温度转换，实现压力单位 psi、bar、MPa 之间的单位转换。

(4) 显示给定的调频信号 y，其中 $f_c = 100$ Hz，$f_m = 5$，$f_s = 1\,000$ Hz，采样时间 $t = 2$ s，频率偏差的敏感性 $k_f = 2$。

注意：原始输入信号为 $x = \sin(2\pi f_m t)$，f_m 信号为 $y = \cos((w_c + k_f x(t))t + \phi_0)$。

四、实验报告要求

实验报告应包括实验目的、实验内容、流程图、程序清单、运行结果以及实验的收获与体会。

实验 4.2　MATLAB 矩阵分析与处理

一、实验目的

（1）掌握生成特殊矩阵的方法。

（2）掌握矩阵分析的方法。

（3）用矩阵求逆法求解线性方程组。

二、实验原理

1. 通用的特殊矩阵

常用的产生通用特殊矩阵的函数有：

（1）zeros：产生全 0 矩阵；

（2）ones：产生全 1 矩阵

（3）eye：产生单位矩阵；

（4）rand：产生 0～1 间均匀分布的随机矩阵；

（5）randn：产生均值为 0，方差为 1 的标准正态分布的随机矩阵。

2. 矩阵运算

（1）矩阵加减运算：假定有两个矩阵 A 和 B，则可以由 $A+B$ 和 $A-B$ 实现矩阵的加减运算；

（2）假定有两个矩阵 A 和 B，若 A 为 $m \times n$ 矩阵，B 为 $n \times p$ 矩阵，则 $C=A \cdot B$ 为 $m \times p$ 矩阵；

（3）如果 A 矩阵是非奇异方阵，$A \backslash B$ 等效于 A 矩阵的逆左乘 B 矩阵，即 $\mathrm{inv}(A) * B$，而 B/A 等效于 A 矩阵的逆右乘 B 矩阵，也就是 $B * \mathrm{inv}(A)$；

（4）矩阵的乘方：一个矩阵的乘方运算可以表示成 $A\hat{}x$，要求 A 为方阵，x 为标量。

3. 矩阵点运算

在 MATLAB 中，有一种特殊的运算，因为其运算符是在有关算术运算符前面加点，因此叫点运算。点运算符有 $.*$，$./$，$.\backslash$ 和 $.\hat{}$。两个矩阵进行点运算是指它们的对应元素进行相关运算，要求两矩阵的维参数相同。

三、实验内容

（1）设有矩阵 A 和 B 如下：

$$A = \begin{bmatrix} 1 & 2 & 3 & 4 & 5 \\ 6 & 7 & 8 & 9 & 10 \\ 11 & 12 & 13 & 14 & 15 \\ 16 & 17 & 18 & 19 & 20 \\ 21 & 22 & 23 & 24 & 25 \end{bmatrix} \quad B = \begin{bmatrix} 3 & 0 & 16 \\ 17 & -6 & 9 \\ 0 & 23 & -4 \\ 9 & 7 & 0 \\ 4 & 13 & 11 \end{bmatrix}$$

① 求它们的乘积 C；

② 将矩阵 C 右下角的 3×2 子矩阵赋给 D；

③ 察看 MATLAB 工作空间的使用情况。

(2) 已知 $A = \begin{bmatrix} 12 & 34 & -4 \\ 34 & 7 & 87 \\ 3 & 65 & 7 \end{bmatrix}$，$B = \begin{bmatrix} 1 & 3 & -1 \\ 2 & 0 & 37 \\ 3 & -2 & 7 \end{bmatrix}$，求下列表达式的值：

① $A + 6*B$ 和 $A - B + I$（其中 I 为单位矩阵）；

② $A*B$ 和 $A.*B$；

③ $A\hat{\ }3$ 和 $A.\hat{\ }3$；

④ A/B 和 $B\backslash A$；

⑤ $[A,B]$ 和 $[A([1,3],:); B\hat{\ }2]$。

(3) 利用 diag 等函数产生下列矩阵。

$$a = \begin{bmatrix} 0 & 0 & 8 \\ 0 & -7 & 5 \\ 2 & 3 & 0 \end{bmatrix} \quad b = \begin{bmatrix} 2 & 0 & 4 \\ 0 & 5 & 0 \\ 7 & 0 & 8 \end{bmatrix}$$

(4) 利用 reshape 函数将第(2)题中的 a 和 b 变换成行向量。

(5) 完成以下各题,将步骤命令写入实验报告,并在机器上运行结果验证。已知线性方程组:

$$\begin{bmatrix} 1/2 & 1/3 & 1/4 \\ 1/3 & 1/4 & 1/5 \\ 1/4 & 1/5 & 1/6 \end{bmatrix} \begin{bmatrix} x1 \\ x2 \\ x3 \end{bmatrix} = \begin{bmatrix} 0.95 \\ 0.67 \\ 0.52 \end{bmatrix}$$

① 求方程的解；

② 将方程中的 0.52 改为 0.53,再求解,并比较此元素的变化和解的相对变化。

(6) 定义一个函数文件,求给定复数的指数、对数、正弦和余弦,并在命令文件中调用该函数文件。

四、实验报告要求

实验报告应包括实验目的、实验内容、流程图、程序清单、运行结果以及实验的收获与体会。

实验 4.3　MATLAB 程序设计

一、实验目的

（1）掌握建立和执行 m 文件的方法。

（2）掌握定义和调用 MATLAB 函数文件的方法，以及 function 命令的使用。

（3）了解 MATLAB 基本的变量类型。

（4）了解 MATLAB 程序调试的基本方法。

（5）掌握利用 if 语句，switch 语句实现选择结构的方法。

（6）掌握利用 while 语句、for 语句实现循环结构的方法。

二、实验原理

1. m 文件

用 MATLAB 语言编写的程序，称为 m 文件，m 文件根据调用方式的不同分为两类：命令文件（script file）和函数文件（function file）。

2. 程序控制结构

（1）顺序结构。

（2）选择结构。

① if 语句：单分支 if 语句、双分支 if 语句、多分支 if 语句；

② switch 语句；

③ try 语句。

（3）循环结构。

① for 语句；

② while 语句；

③ break 语句与 continue 语句；

④ 循环的嵌套。

3. 函数文件

function 输出形参表＝函数名（输入形参表）

注释说明部分

函数体语句

三、实验内容

（1）分别用 if 和 switch 语句实现以下计算（a、b、c、x 的值从键盘输入）：

$$y = \begin{cases} ax^2 + bx + c & 0.5 \leqslant x < 1.5 \\ a\sin(bc) + x & 1.5 \leqslant x < 3.5 \\ \log(\,|\,b + c/x\,|\,) & 3.5 \leqslant x < 5.5 \end{cases}$$

（2）编写一个函数文件，求小于任意自然数 n 的 Fibnacci 数列各项，Fibnacci 数列定义如下：

$$\begin{cases} f_1 = 1 & n = 1 \\ f_2 = 1 & n = 2 \\ f_n = f_{n-1} + f_{n-2} & n > 2 \end{cases}$$

（3）输入一个百分制成绩，要求输出成绩等级 A、B、C、D、E。其中：90～100 分为 A，80～89 分为 B，70～79 分为 C，60～69 分为 D，60 分以下为 E。

（4）假设 $f(x) = r^{-0.5x}\sin(x + \frac{\pi}{6})$，采用 for 循环语句求 $s = \int_0^{3\pi} f(x)\mathrm{d}x$。

提示：每一个小曲边梯形的面积和为定积分的值，步长 $h = (3\pi - 0)/1\,000$。

（5）从键盘输入若干个数，当输入 0 时结束输入，求这些数的和以及平均值。

提示：设输入的数存放在 x 中，sum 表示和，n 表示读入数的个数，则求若干个数的和，就是对 x 进行累加，即 sum＝sum＋x，其中 sum 的初值为 0。如果读入个数 n 大于 0，则输出 sum、sum/n（要求：采用 while 与 if 结构语句实现）。

四、实验报告要求

实验报告应包括实验目的、实验内容、流程图、程序清单、运行结果以及实验的收获与体会。

实验 4.4 MATLAB 数据可视化(二维绘图)

一、实验目的

(1)掌握 MATLAB 二维图形的绘制。

(2)掌握图形属性的设置和图形修饰。

(3)掌握图像文件的读取和显示。

二、实验原理

1. 绘制二维曲线的基本函数

(1)plot——最基本的二维图形指令:① 单窗口单曲线绘图;② 单窗口多曲线绘图;③ 单窗口多曲线分图绘图;④ 多窗口绘图;⑤ 可任意设置颜色与线型;⑥ 图形加注功能;⑦ fplot——绘制函数图函数;⑧ ezplot——符号函数的简易绘图函数。

(2)含多个输入参数的 plot 函数。plot 函数可以包含若干组向量对,每一组可以绘制出一条曲线。含多个输入参数的 plot 函数调用格式为:

plot(x1,y1,x2,y2,…,xn,yn);

(3)含选项的 plot 函数。MATLAB 提供了一些绘图选项,用于确定所绘曲线的线型、颜色和数据点标记符号。

(4)双纵坐标函数 plotyy。

(5)fill——基本二维绘图函数:绘制二维多边形并填充颜色。

(6)特殊二维绘图函数:bar——绘制直方图;polar——绘制极坐标图;hist——绘制统计直方图;stairs——绘制阶梯图;stem——绘制火柴杆图;rose——绘制统计扇形图;comet——绘制彗星曲线;errorbar——绘制误差棒图;compass——复数向量图(罗盘图);feather——复数向量投影图(羽毛图);quiver——向量场图;area——区域图;pie——饼图;convhull——凸壳图;scatter——离散点图。(选做)

2. 绘制图形的辅助操作

(1)图形标注:

title(´图形名称´)(都放在单引号内)

xlabel(´x 轴说明´)

ylabel(´y 轴说明´)

text(x,y,´图形说明´)

legend(´图例 1´,´图例 2´,…)

(2)坐标控制。在绘制图形时,MATLAB 可以自动根据要绘制曲线数据的范围选择合适的坐标刻度,使得曲线能够尽可能清晰地显示出来。所以,一般情况下用户不必选择坐标

轴的刻度范围。但是,如果用户对坐标不满意,可以利用 axis 函数对其重新设定。其调用格式为:

axis([xmin xmax ymin ymax zmin zmax])

(3) 图形保持。hold on/off 命令是保持原有图形还是刷新原有图形,不带参数的 hold 命令在两者之间进行切换。

(4) 图形窗口分割。subplot(m,n,p) 该函数把当前窗口分成 $m \times n$ 个绘图区,m 行,每行 n 个绘图区,区号按行优先编号。其中第 p 个区为当前活动区。每一个绘图区允许以不同的坐标系单独绘制图形。

3. 驻波的数学表达式

两列相干波,如果振幅相等,传播方向相反,它们的合成波是驻波。驻波的波形无法前进,因此无法传播能量,故称之为驻波。设有两列相干横波 y_1,y_2 分别向 x 轴正负方向传播,其表达式如下:

$$y_1 = A \cos k(vt - x)$$
$$y_2 = A \cos k(vt + x)$$

其中,k 为常数,根据叠加原理,可得驻波的表达式为:

$$y = y_1 + y_2 = A \cos k(vt - x) + A \cos k(vt + x) = 2A \cos kx \cos(kvt)$$

由驻波表达式可知此驻波的振幅为 $2A|\cos kx|$,它只与质点的位置 x 有关,与时间 t 无关。在驻波的波线上有些点始终不发生振动,即振幅为零,这些点称为波节;而有些点的振幅始终具有极大值,称之为波腹。

三、实验内容

说明:绘图题需在报告中粘贴图形结果。

1. 绘制二维曲线

电量为 q 的粒子在电场强度为 E 的静电场中所受的电场力为:

$$\boldsymbol{F} = q\boldsymbol{E}$$

该力将使质量为 m 的带电粒子产生一加速度:

$$\boldsymbol{a} = \frac{\boldsymbol{F}}{m}$$

若带电粒子的初速度为 v_0,在加速电压 U 作用下,其动能变化为:

$$\Delta E_k = \frac{1}{2}mv^2 - \frac{1}{2}mv_0^2 = qU$$

式中,v 为被加速后粒子的末速度。

在示波器的竖直偏转系统中加电压于两极板,在两极板之间产生均匀电场 E,设电子质量为 m,电荷为 $-e$,它以速度 v_0 射进电场中,v_0 与 E 垂直,试讨论电子运动的轨迹。

要求:① 把窗口分成 1 行 2 列。② 要求每个子图标注标题,X 轴、Y 轴说明。③ 要求显示网格。

解题提示:电子在两极板间电场中的运动和物体在地球重力场中的平抛运动相似。作用在电子上的电场力为 $\boldsymbol{F} = -e\boldsymbol{E}$,电子的偏转方向与 $\boldsymbol{E}$ 相反(设为负 y 方向)。电子在垂直方向的加速度为 $a = \frac{-e\boldsymbol{E}}{m}$。在水平方向和垂直方向电子的运动方程分别为:$x = v_0t$;$y =$

$$\frac{1}{2}at^2 = -\frac{1}{2}\frac{eE}{m}t^2。$$

为了讨论电子运动轨迹与初速度及电场的关系,使用了 input 函数供读者输入 E 和 v_0,以观察不同电场和初速度情况下电子的运动轨迹。

2. 绘制多条曲线

在同一图形窗口绘制,利用 plot 绘图指令进行绘图。

(1) 在窗口上部绘制正弦信号 $x(t) = \sin(0.5\pi t - \frac{\pi}{4})$,$t \in [0, 4\pi]$,要求曲线为黑色实线;

(2) 使用 holdon 命令在同一窗口重叠绘制信号 $g(t) = x(t) \times 0.5^t$,$t \in [0, 4\pi]$。要求曲线线型为红色点划线;

(3) X 轴标注"时间 t",Y 轴标注"$x(t)/g(t)$",标题为"正弦/指数序列";

(4) 使用 legend 命令在图的右上角标注两条曲线的图例;

(5) 使用 gtext 交互式图形命令,分别标注曲线 $x(t)$ 和 $y(t)$。

3. 使用 subplot 在同一图形窗口绘制曲线

(1) $y = x - x^3/3$,$-6 \leqslant x \leqslant 6$;

(2) $y = t\frac{1}{2\pi}e^{-x^2/2}$,$-6 \leqslant x \leqslant 6$;

(3) $x^2 + 2y^2 = 64$,$-8 \leqslant x \leqslant 8$。

4. 绘制动态波形图

在同一窗口绘制 $y_1 = A\cos k(vt - x)$ 与 $y_2 = A\cos k(vt + x)$ 的动态波形图,要求 y_1 向 X 轴正相传播,y_2 向 X 轴负向传播,且颜色不同。x 考察区为 $[0, 4]$,时间 t 取 $[0, T]$(T 为周期)中的不同时刻,$A = 1$,$k = 2\pi$,$v = 3 \times 10^8$ m/s。

(1) 在同一窗口中绘制 y_1、y_2、y_1 与 y_2、$y = y_1 + y_2$ 的波形图,使用并对 X 轴、Y 轴标注,并使用 hold on 命令;

(2) 导出驻波波形形成动画,观察研究驻波的振动特点,在同一窗口中绘制 y_1、y_2、y_1 与 y_2、$y = y_1 + y_2$ 的动画。

四、实验报告要求

实验报告应包括实验目的、实验内容、流程图、程序清单、运行结果以及实验的收获与体会。

实验 4.5　MATLAB 数据可视化(三维绘图)

一、实验目的

(1) 掌握 MATLAB 三维图形绘制。

(2) 掌握图形属性的设置和图形修饰。

(3) 掌握图像文件的读取和显示。

二、实验原理

强大的绘图功能是 MATLAB 的特点之一,MATLAB 提供了一系列的绘图函数,用户不需要过多地考虑绘图的细节,只需要给出一些基本参数就能得到所需图形,这类函数称为高层绘图函数。

1. 绘制三维曲线的基本函数

最基本的三维图形函数为 plot3,它将二维绘图函数 plot 的有关功能扩展到三维空间,可以用来绘制三维曲线。其调用格式为:

plot3(x1,y1,z1,选项 1,x2,y2,z2,选项 2,...)

2. 三维曲面

(1) 平面网格坐标矩阵的生成,利用 meshgrid 函数生成:

x＝a:dx:b;

y＝c:dy:d;

[X,Y]＝meshgrid(x,y);

语句执行后,meshgrid 函数返回的两个矩阵 X、Y 必定是行数、列数相等的,且 X、Y 的行数都等于输入参数 y 中的元素的总个数,X、Y 的列数都等于输入参数 x 中的元素的总个数。当 $x＝y$ 时,可以写成 meshgrid(x)。

(2) 绘制三维曲面的函数:

mesh(x, y, z, c)

surf(x, y, z, c)

一般情况下,x、y、z 是维数相同的矩阵,x、y 是网格坐标矩阵,z 是网格点上的高度矩阵,c 用于指定在不同高度下的颜色范围。c 省略时,MATLAB 认为 $c＝z$,也即颜色的设定是正比于图形的高度的。这样就可以得到层次分明的三维图形。当 x、y 省略时,把 z 矩阵的列下标当作 x 轴的坐标,把 z 矩阵的行下标当作 y 轴的坐标,然后绘制三维图形。当 x、y 是向量时,要求 x 的长度必须等于 z 矩阵的列,y 的长度必须等于 z 的行长度,x、y 向量元素的组合构成网格点的 x、y 坐标,z 坐标则取自 z 矩阵,然后绘制三维曲线。

(3) 标准三维曲面,利用 sphere 函数调用:

$[x,y,z]$＝sphere(n);

该函数将产生$(n+1)\times(n+1)$矩阵 x，y，z。采用这三个矩阵可以绘制出圆心位于原点、半径为 1 的单位球体。若在调用该函数时不带输出参数，则直接绘制所需球面。n 决定了球面的圆滑程度，其默认值为 20。若 n 值取的比较小，则绘制出多面体的表面图。

3. 其他三维图形

在介绍二维图形时，曾经提到条形图、杆图、饼图和填充图等特殊图形，它们还可以以三维形式出现，其函数分别为 bar3，stem3，pie3 和 fill3。

三、实验内容

说明：绘图题需在报告中粘贴图形结果。

(1) 绘制三维曲线：

① 绘制曲线 $z=x\mathrm{e}^{x^2+y^2}$（$-2<x<2$，$-2<y<2$）的网线图。显示要求去掉坐标轴，显示色图。

② 设计动画程序，改变上图的观测角度，实现上图视角绕 z 轴的 $360°$ 的连续观测。（自学动画同学选做）

(2) 试在矩形区域 $x\in[-10,10]$，$y\in[-10,10]$ 上分别绘制函数 $z=x^2+y^2$ 与 $y=\dfrac{\sin\sqrt{x^2+y^2}}{\sqrt{x^2+y^2}}$ 对应的三维网格表面图和三维曲面图。

(3) 毕奥-萨伐尔定律可表述为：载流回路的任一电流元 $I\mathrm{d}\boldsymbol{l}$，在空间任一点 P 处所产生的磁感应强度 $\mathrm{d}\boldsymbol{B}$ 可表示为：

$$\mathrm{d}\boldsymbol{B}=\frac{\mu_0}{4\pi}\frac{I\mathrm{d}\boldsymbol{l}\times\boldsymbol{r}}{r^3}$$

其中，$\boldsymbol{r}$ 是电流元 $I\mathrm{d}\boldsymbol{l}$ 到场点 P 的径矢，I 为电流。可以看出，$\mathrm{d}\boldsymbol{B}$ 的方向垂直于 $I\mathrm{d}\boldsymbol{l}$ 与 $\boldsymbol{r}$ 所在的平面，其指向遵守右手螺旋法则。$\mathrm{d}\boldsymbol{B}$ 的大小为：

$$\mathrm{d}\boldsymbol{B}=\frac{\mu_0}{4\pi}\frac{I\mathrm{d}\boldsymbol{l}\sin\theta}{r^2}$$

利用叠加原理，对上式积分，便可求得任意形状的载流导线所产生的磁感应强度，即：

$$\boldsymbol{B}=\int_L\mathrm{d}\boldsymbol{B}=\frac{\mu_0}{4\pi}\int_L\frac{I\mathrm{d}\boldsymbol{l}\times\boldsymbol{r}}{r^3}$$

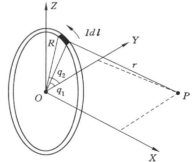

图 4-1　载流圆线圈

设圆线圈的中心为 O，半径为 R，放置于 Y-Z 平面，线圈通过的电流为 I_0，如图 4-1 所示。用毕奥-萨伐尔定律计算载流圆线圈在 $Z=0$ 处 X-Y 平面上的磁场分布。

四、实验报告要求

实验报告应包括实验目的、实验内容、流程图、程序清单、运行结果以及实验的收获与体会。

实验 4.6　MATLAB 数值运算

一、实验目的

（1）掌握左除法求解线性方程组。

（2）学会测试程序的运行时间。

（3）掌握曲线拟合的基本原理，并学会使用 MATLAB 进行拟合。

（4）通过实例学习使用拟合解决实际问题。

（5）掌握利用 MATLAB 建立符号对象，并对符号对象进行一系列操作。

二、实验原理

1. 多项式曲线拟合

在 MATLAB 中用 polyfit 函数来求得最小二乘拟合多项式的系数，再用 polyval 函数按所得的多项式计算所给出的点上的函数近似值。

$[P,S]=polyfit(X, Y, m)$

函数根据采样点 X 和采样点函数 Y，产生一个 m 次多项式 P 及其在采样点的误差向量 S。其中 X、Y 是两个等长的向量，P 是一个长度为 $m+1$ 的向量，P 的元素为多项式系数。

2. 多项式求值

MATLAB 提供了两种求多项式值的函数：polyval 与 polyvalm，它们的输入参数均为多项式系数向量 P 和自变量 x。两者的区别在于前者是代数多项式求值，而后者是矩阵多项式求值。

（1）代数多项式求值。polyval 函数用来求代数多项式的值，其调用格式为：

$Y=polyval(P, x)$

若 x 为一数值，则求多项式在该点的值；若 x 为向量或矩阵，则对向量或矩阵中的每个元素求其多项式的值。

（2）矩阵多项式求值。polyvalm 函数用来求矩阵多项式的值，其调用格式与 polyval 相同，但含义不同。polyvalm 函数要求 x 为方阵，它以方阵为自变量求多项式的值。

（3）在实际应用中常见的拟合曲线有：

① 直线：$y=a_0 x+a_1$；

② 多项式：$y=a_0 x^n+a_1 x^{n-1}+\cdots+a_n$，一般 $n=2,3$，n 值不宜过大；

③ 双曲线（一支）：$y=\dfrac{a_0}{x}+a_1$；

④ 指数曲线：$y=a\mathrm{e}^{bx}$。

（4）插值计算。

① 分级线性插值,程序如下:

y＝interp1(x0,y0,x)或 y＝interp1(x0,y0,x,′linear′)

② 三次样条插值,程序如下:

y＝spline(x0,y0,x)或 y＝interp1(x0,y0,x,′spline′)

输入:节点 $x0$、$y0$,插值点 x(均为数组,长度自定义);

输出:插值 y(与 x 同长度数组)。

3. 符号对象的建立

(1) 符号量名＝sym(符号字符串):建立单个的符号变量或常量;

(2) syms arg1 arg2,…,argn:建立 n 个符号变量或常量。

4. 基本符号运算

(1) 基本四则运算:＋,－,＊,\,^;

(2) 分子与分母的提取:[n,d]＝numden(s);

(3) 因式分解与展开:factor(s),expand(s);

(4) 化简:simplify,simple(s)。

5. 符号函数及其应用

(1) 求极限:limit(f,x,a);

(2) 求导数:diff(f,x,a);

(3) 求积分:int(f,v);

(4) 符号求和:symsum(a,v,m,n)。

三、实验内容

(1) 用两种方法求下列方程组的解,并比较两种方法执行的时间。

$$\begin{cases} 7x_1 + 14x_2 - 9x_3 - 2x_4 + 5x_5 = 100 \\ 3x_1 - 15x_2 - 13x_3 - 6x_4 - 4x_5 = 200 \\ -11x_1 - 9x_2 - 2x_3 + 5x_4 + 7x_5 = 300 \\ 5x_1 + 7x_2 + 14x_3 + 16x_4 - 2x_5 = 400 \\ -2x_1 + 5x_2 + 12x_3 - 11x_4 - 4x_5 = 500 \end{cases}$$

(2) 已知 lg x 在[1,101]区间 10 个整数采样点的函数值如表 4-1 所示,试求 y 的 3、4、5、6 次拟合多项式 $p(x)$,并绘制出 y 和 $p(x)$ 在[1,101]区间的函数曲线;当 $y＝lg x$ 时,与所求的 3、4、5、6 次多项式进行逐一比较求出响应的相对误差,并说明几次拟合的效果最好。

表 4-1　采样点的函数值

x	1	11	21	31	41	51	61	71	81	91	101
y	0	1.041 4	1.322 2	1.491 4	1.612 8	1.707 6	1.785 3	1.851 3	1.908 5	1.959 0	2.004 3

(3) 如图 4-2 所示电路,已知 $R_1＝2\ \Omega$、$R_2＝4\ \Omega$、$R_3＝12\ \Omega$、$R_4＝4\ \Omega$、$R_5＝12\ \Omega$、$R_6＝4\ \Omega$、$R_7＝2\ \Omega$。① 如果 $u_s＝10\ V$,求 i_3、u_4、u_7;② 如已知 $u_4＝6\ V$,求 u_s、i_3、u_7。

(4) 对 $y＝\dfrac{1}{1+x^2}$ 在[-5,5]上,用 $n＝11$ 个等距分点作分段线性插值和三次样条插值,

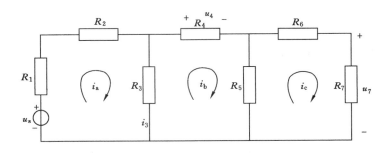

图 4-2   电路图

用 $m=21$ 个插值点作图,比较结果。

（5）化简表达式。

① $\dfrac{y}{x}+\dfrac{x}{y}$；

② $\sqrt{\dfrac{a+\sqrt{a^2-b}}{2}}+\sqrt{\dfrac{a-\sqrt{a^2-b}}{2}}$；

③ $2\cos^2 x-\sin^2 x$；

④ $\sqrt{3+2\sqrt{2}}$ 。

（6）求不定积分。

① $\displaystyle\int \dfrac{\mathrm{d}x}{x+a}$；

② $\displaystyle\int \sqrt[3]{1-3x}\,\mathrm{d}x$ ；

③ $\displaystyle\int \dfrac{\mathrm{d}x}{\sin^2 x\cos^2 x}$；

④ $\displaystyle\int \dfrac{x^2\,\mathrm{d}x}{\sqrt{a^2+x^2}}$。

（7）求下列级数之和。

① $1-\dfrac{3}{2}+\dfrac{5}{4}-\dfrac{7}{8}+\cdots$；

② $x+\dfrac{x^3}{3}+\dfrac{x^5}{5}+\dfrac{x^7}{7}+\cdots$；

③ $1+\dfrac{1}{9}+\dfrac{1}{25}+\dfrac{1}{49}+\cdots$；

④ $\dfrac{1}{1\times 2\times 3}+\dfrac{1}{2\times 3\times 4}+\dfrac{1}{3\times 4\times 5}+\dfrac{1}{4\times 5\times 6}+\cdots$。

（8）用符号方法求下列极限或导数。

① $\displaystyle\lim_{x\to 0}\dfrac{x(\mathrm{e}^{\sin x}+1)-2(\mathrm{e}^{\tan x}-1)}{\sin^3 x}$；

② 已知 $\boldsymbol{A}=\begin{bmatrix} a^x & t^3 \\ t\cos x & \ln x \end{bmatrix}$，分别求 $\dfrac{\mathrm{d}\boldsymbol{A}}{\mathrm{d}x}$、$\dfrac{\mathrm{d}^2\boldsymbol{A}}{\mathrm{d}t^2}$、$\dfrac{\mathrm{d}^2\boldsymbol{A}}{\mathrm{d}x\mathrm{d}t}$。

四、实验报告要求

（1）编写实现实验内容中所使用的函数命令，并记录相应的生成结果。

（2）对于电路的求解，应列出相应的网孔方程和结点方程，并注意方向。

（3）书写实验报告时要结构合理，层次分明，在分析描述的时候，需要注意语言的流畅。

实验 4.7　MATLAB 在信号与系统中的应用
——波形合成与分解

一、实验目的

(1) 通过本实验熟悉周期信号的合成、分解原理，进一步了解信号频谱的含义。

(2) 加深对傅里叶级数及 Gibbs 现象的理解。

(3) 掌握 hold on 图形保持命令的使用。

二、实验原理

1. 傅里叶级数

按傅里叶级数的原理，任何周期信号 $f(t)$ 都可以用一组三角函数 $\{\sin n\omega_0 t, \cos n\omega_0 t\}$ 的线性组合表示：

$$
\begin{aligned}
f(t) &= a_0 + \sum_{n=1}^{\infty} (a_n \cos n\omega_0 t + b_n \sin n\omega_0 t) \\
&= c_0 + \sum_{n=1}^{\infty} c_n \cos (n\omega_0 t + \varphi_n) \\
&= d_0 + \sum_{n=1}^{\infty} d_n \sin (n\omega_0 t + \theta_n) \\
&= \sum_{n=-\infty}^{\infty} F_n e^{jn\omega_0 t}
\end{aligned}
$$

也就是说，可以用一组正弦波或余弦波来合成任意形状的周期信号。

2. Gibbs 现象

对于具有不连续点（跳变点）的波形，所取级数项数越多，近似波形的均方误差虽可减少，但在跳变点处的峰值不减小，此峰值随项数增多而向跳变点靠近，而峰值趋于跳变值的 9%。

3. 周期信号波形的合成与分解的 MATLAB 实现

例如：已知方波的周期为 $T=2\pi$，方波信号的角频率为 $\Omega = \dfrac{2\pi}{T} = 1$，其傅里叶级数展开式为：

$$
\begin{aligned}
f(t) &= \frac{4}{\pi}\left[\sin(\Omega t) + \frac{1}{3}\sin(3\Omega t) + \frac{1}{5}\sin(5\Omega t) + \cdots + \frac{1}{n}\sin(n\Omega t) + \cdots\right] \\
&= \frac{4}{\pi}\left[\sin t + \frac{1}{3}\sin(3t) + \frac{1}{5}\sin(5t) + \cdots + \frac{1}{n}\sin(nt) + \cdots\right]
\end{aligned}
$$

$$n = 1, 3, 5, \cdots$$

它只含有 1,3,5 等奇次谐波分量。

设计 MATLAB 程序,演示由谐波合成方波的情况,并观察 Gibbs 现象。

分别计算:

$$f(t) = \frac{4}{\pi} \sin t$$

$$f(t) = \frac{4}{\pi} \left(\sin t + \frac{1}{3} \sin 3t \right)$$

......

直到 n 次谐波,并作图。

三、实验内容

(1) 有一周期为 2,幅度为 1 的周期锯齿波信号(图 4-3),$f(t) = t, |t| < 1$,其三角形式

傅里叶系数 $\begin{cases} a_n = 0 \\ b_n = (-1)^{n+1} \dfrac{2}{n\pi}, n = 1, 2, 3, \cdots \end{cases}$,故其三角形式的傅里叶级数形式为:

$$f(t) = \frac{2}{\pi} \left[\sin(\Omega t) - \frac{1}{2} \sin(2\Omega t) + \frac{1}{3} \sin(3\Omega t) - \frac{1}{4} \sin(4\Omega t) + \cdots \right]$$

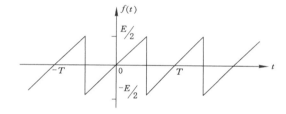

图 4-3 周期锯齿没信号

① 做出 $n = 10$ 时各次谐波累计的图形。

② 分别做出一个周期内级数项数取 $n = 31, n = 81$ 时的近似波形。比较一个周期内的合成信号与原信号 $f(t)$ 的异同,并观察 Gibbs 现象。

(2) 以原点为奇对称中心的方波 $y(wt)$,可以用相应频率的基波及其奇次谐波合成:

$$y(wt) = \frac{4}{\pi} \left(\sin wt + \frac{1}{3} \sin 3wt + \frac{1}{5} \sin 5wt + \cdots + \frac{1}{(2n-1)} \sin(2n-1)wt \right)$$

$$n = 1, 2, 3, \cdots$$

取的阶数越多,越接近方波,但总消除不了边缘上的尖峰,这称为吉布斯效应。设方波频率为 50 Hz,时间 t 取 0~0.04 s($f = 50$ Hz,$w = 2\pi f$,$h = 1 \times 10^{-5}$,$tf = 4 \times 10^{-2}$,$t = 0 : h : tf$),编写程序,画出如下用 1 次谐波,1、3 次谐波、1、3、5、7、9 次谐波,1、3、5、$\cdots$、19 次谐波合成的近似方波(产生方波的函数为 square)。

四、实验报告要求

(1) 简述实验目的及原理。

(2) 总结实验,给出主要结论。

实验 4.8　线性时不变系统的时域响应

一、实验目的

（1）掌握线性时不变系统的三种描述形式——传递函数描述法、零极点增益描述法、状态空间描述法。

（2）掌握三种描述形式之间的转换。

（3）掌握连续和离散系统频率响应的求解。

二、实验原理

1. Impulse 函数

功能：计算并画出系统的冲激响应。

调用格式：

Impulse(sys)％sys 可以是利用命令 tf,zpk 或 ss 建立的系统函数

Impulse(sys,t)％计算并画出系统在向量 t 定义的时间内的冲激响应

Y＝impulse(sys,t)％保存系统的输出值

2. Step 函数

功能：计算并画出系统的阶跃响应曲线。

调用格式：

Step(sys)％sys 可以是利用命令 tf,zpk 或 ss 建立的系统函数

Step(sys,t)％计算并画出系统在向量 t 定义的时间内的阶跃响应

3. Lsim 函数

功能：计算并画出系统在任意输入下的零状态响应。

调用格式：

Lsim(sys,x,t)％sys 可以是利用命令 tf、zpk 或 ss 建立的系统函数,x 是系统的输入,
　　　　　t 定义的是时间范围

Lsim(sys,x,t,zi)％计算出系统在任意输入和零状态下的全响应,sys 必须是状态空
　　　　　间形式的系统函数,是系统的初始状态

4. roots 函数

功能：计算齐次多项式的根。

调用格式：

r＝roots(b)％计算多项式 b 的根,r 为多项式的根

5. impz 函数

功能：求离散系统单位脉冲响应,并绘制其时域波形。

调用格式：

impz(b,a)%以默认方式绘出向量 a、b 定义的离散系统的单位脉冲响应的离散时域
　　　　　波形

impz(b,a,n)%绘制由向量 a、b 定义的离散系统在 0～n(n 必须为整数)离散时间范围
　　　　　内的单位序列响应的时域波形

impz(b,a,n1,n2)%绘制由向量 a、b 定义的离散系统在 n1～n2(n1、n2 必须为整数，
　　　　　且 n1＜n2)离散时间范围内的单位序列响应的时域波形

y＝impz(b,a,n1,n2)%并不绘出系统单位序列响应的时域波形，而是求出向量 a、b 定
　　　　　义的离散系统 n1～n2(n1、n2 必须为整数，且 n1＜n2)离散时
　　　　　间范围内的单位序列响应的数值

6. filter 函数

功能：对输入数据数字滤波。

调用格式：

y＝filter(b, a, x)%返回向量 a、b 定义的离散系统在输入为 x 时的零状态响应，如果
　　　　　x 是一个矩阵，那么函数 filter 对矩阵 x 的列进行操作；如果 x 是
　　　　　一个 N 维数组，函数 filter 对数组中的一个非零量进行操作

[y,zf]＝filter(b, a, x)%返回一个状态向量的最终值 zf

[y,zf]＝filter(b, a, x zi)%指定了滤波器的初始状态向量 zi

[y,zf]＝filter(b, a, x, zi, dim)%给定 x 中要进行滤波的维数 dim，如果要使用零初
　　　　　始状态，则将 zi 设为空量

三、实验内容

(1) 生成 20 个点的单位脉冲信号、单位阶跃信号，并记录下函数命令和波形。

(2) 生成占空比为 30％的矩形波。

(3) 将连续系统 $H(s)=0.5\dfrac{(s-1)(s+3)}{(s+1)(s+2)(s+4)}$ 转化为传递函数的形式，并显示其表达式。

(4) 将离散系统 $H(z)=\dfrac{3+5z^{-1}+2z^{-2}}{1-1.6z^{-1}+1.2z^{-2}-0.9z^{-3}+0.5z^{-4}}$ 转化为零极点增益的描述形式，并显示其表达式。

(5) 分别求实验内容(3)和(4)的频率响应(对离散系统取 256 个样点，采样频率取 8 000 Hz)。

(6) 分别求实验内容(3)和(4)的单位冲激响应(对离散系统，作 60 个样点图)。

四、实验报告要求

(1) 编写实现实验内容中所使用的函数文件，并记录相应的生成结果；

(2) 书写实验报告时要结构合理，层次分明，在分析描述的时候，需要注意语言的流畅。

实验 4.9　Simulink 仿真实验

一、实验目的

（1）熟悉 Simulink 的操作环境并掌握绘制系统模型的方法。

（2）掌握 Simulink 中子系统模块的建立与封装技术。

（3）对简单系统所给出的数学模型能转化为系统仿真模型并进行仿真分析。

二、实验原理

Simulink 是 MATLAB 中的一种可视化仿真工具，是一种基于 MATLAB 的框图设计环境，是实现动态系统建模、仿真和分析的一个软件包，被广泛应用于线性系统、非线性系统、数字控制及数字信号处理的建模和仿真中。Simulink 可以用连续采样时间、离散采样时间或两种混合的采样时间进行建模，它也支持多速率系统，也就是系统中的不同部分具有不同的采样速率。为了创建动态系统模型，Simulink 提供了一个建立模型方块图的图形用户接口（GUI），这个创建过程只需单击和拖动鼠标操作就能完成，它提供了一种更快捷、直接明了的方式，而且用户可以立即看到系统的仿真结果。

在图 4-4 所示的界面左侧可以看到，整个 Simulink 工具箱是由若干个模块组构成的。在标准的 Simulink 工具箱中，包含连续模块组（Continuous）、离散模块组（Discrete）、函数与表模块组（Function&Tables）、数学运算模块组（Math）、非线性模块组（Nonlinear）、信号与系统模块组（Signals&Systems）、输出模块组（Sinks）、信号源模块组（Sources）和子系统模块组（Subsystems）等。各模块的主要功能分别为：

（1）Sources 模块库：为仿真提供各种信号源；

（2）Sinks 模块库：为仿真提供输出设备元件；

（3）Continuous 模块库：为仿真提供连续系统；

（4）Discrete 模块库：为仿真提供离散元件；

（5）Math 模块库：提供数学运算功能元件；

（6）Function&Tables 模块库：自定义函数和线形插值查表模块库；

（7）Nonlinear 模块库：非连续系统元件；

（8）Signals&System 模块库：提供用于输入、输出和控制的相关信号及相关处理；

（9）Subsystems 模块库：各种子系统。

三、实验内容

（1）建立如图 4-5 所示的 Simulink 仿真模型并进行仿真，改变 Gain 模块的增益，观察示波器 Scope1 显示波形的变化。

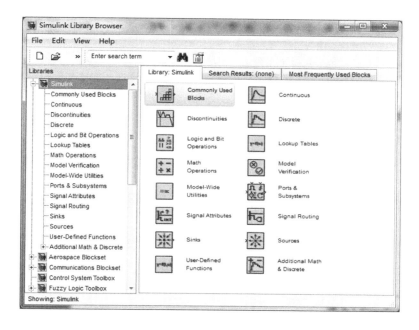

图 4-4　Simulink 模型库界面

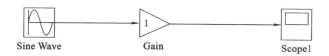

图 4-5　正弦波产生及观测模型

（2）利用 Simulink 仿真来实现摄氏温度到华氏温度的转化（范围为 $-10 \sim 100$ ℃），参考模型为图 4-6。

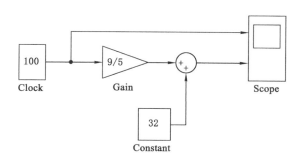

图 4-6　摄氏温度到华氏温度的转化的参考模型

（3）利用 Simulink 仿真下列曲线（取 $\omega = 2\pi$）：

$$x(\omega t) = \sin \omega t + \frac{1}{3} \sin 3\omega t + \frac{1}{5} \sin 5\omega t + \frac{1}{7} \sin 7\omega t + \frac{1}{9} \sin 9\omega t$$

仿真参考模型如图 4-7 所示，Sine Wave 5 模块参数设置如图 4-8 所示，请仿真其结果。

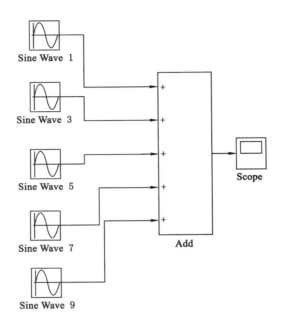

图 4-7 $x(\omega t)$ 的仿真参考模型图

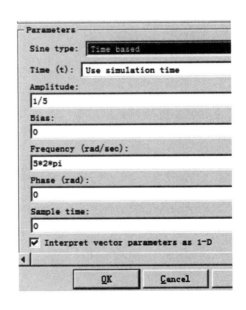

图 4-8   Sine Wave 5 模块参数设置图

（4）如图 4-9 所示是分频器仿真框图，其组成仅有三台设备：脉冲发生器，分频器和示波器。分频器送出一个到达脉冲，第一路 Cnt（计数），它的数值表示在本分频周期记录到多少个脉冲；第二路是 Hit（到达），就是分频后的脉冲输出，仿真出结果来。

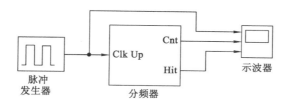

图 4-9　分频器仿真框图

四、实验报告要求

实验报告应包括实验名称、实验目的、实验设备及条件、实验内容及要求、实验程序设计、实验结果及结果分析。

第 5 章

MATLAB 在信号系统方面的应用

实验 5.1　信号的时域特性分析

一、实验目的

（1）学会使用 MATLAB 表示信号的方法并绘制信号波形。

（2）掌握使用 MATLAB 进行信号基本运算的指令。

（3）熟悉应用 MATLAB 实现求解系统响应的方法。

二、实验原理

1. 连续时间信号的表示

在 MATLAB 中，信号有两种表示方法，一种是用向量来表示，另一种则是用符号运算的方法。所谓连续时间信号，是指其自变量的取值是连续的，并且除了若干不连续的点外，对于一切自变量的取值，信号都有确定的值与之对应。从严格意义上讲，MATLAB 并不能处理连续信号。在 MATLAB 中，是用连续信号在等时间间隔点上的样值来近似表示的，当取样时间间隔足够小时，这些离散的样值就能较好地近似出连续信号。在 MATLAB 中连续信号可用向量或符号运算功能来表示。

（1）向量表示法。对于连续时间信号 $f(t)$，可以用两个行向量 f 和 t 来表示，其中向量 t 是用形如 $t=t_1:p:t_2$ 的命令定义的时间范围向量，其中，t_1 为信号起始时间，t_2 为终止时间，p 为时间间隔。向量 f 为连续信号 $f(t)$ 在向量 t 所定义的时间点上的样值。

例 5-1　绘制抽样函数波形 $f(t)=Sa(t)=\dfrac{\sin(t)}{t}$。

其程序如下：

```
clc%清命令窗
clear%清工作空间
t1=-10:0.5:10;%t 的取值范围为-10~10,取样间隔为 0.5,则 t1 是一个维数为 41
              的行向量
f1=sin(t1)./t1;%定义信号表达式,同时生成与向量 t1 维数相同的行向量 f1
figure(1);%打开图形窗口 1
plot(t1,f1);%以 t1 为横坐标,f1 为纵坐标绘制 f1 的波形
title('sin(t)/t');
xlabel('t/s');
ylabel('幅值');
t2=-10:0.1:10;%t 的取值范围为-10~10,取样间隔为 0.1,则 t2 是一个维数为 201
              的行向量
```

f2＝sin(t2)./t2;％定义信号表达式,同时生成与向量 t2 维数相同的行向量 f2

figure(2);％打开图形窗口 2

plot(t2,f2);％以 t2 为横坐标,f2 为纵坐标绘制 f2 的波形

说明:

plot 是常用的绘制连续信号波形的函数。严格说来,MATLAB 不能表示连续信号,所以,在用 plot()命令绘制波形时,要对自变量 t 进行取值,MATLAB 会分别计算对应点上的函数值,然后将各个数据点通过折线连接起来绘制图形,从而形成连续的曲线。因此,绘制的只是近似波形,而且,其精度取决于 t 的取样间隔。t 的取样间隔越小,即点与点之间的距离越小,则近似程度越好,曲线越光滑。

在上面的"f＝sin(t)./t"语句中,必须用点除符号,以表示是两个函数对应点上的值相除。

(2) 符号运算表示法。如果一个信号或函数可以用符号表达来表示,那么我们就可以用信号函数专用绘图命令 ezplot()等函数来绘出信号的波形。例如:对于连续信号 $f(t)=Sa(t)=\dfrac{\sin(t)}{t}$ 我们也可以用符号表达式来表示它,同时用 ezplot()命令绘出其波形。其 MATLAB 程序如下:

syms t;％符号变量说明

f=sin(t)/t;％定义函数表达式

ezplot(f,[－10,10]);％绘制波形,并且设置坐标轴显示范围

(3) 常见信号的 MATLAB 表示。对于普通的信号,应用以上介绍的两种方法即可完成计算函数值或绘制波形,但是对于一些比较特殊的信号,比如单位阶跃信号、指数信号等,在 MATLAB 中这些信号都有专门的表示方法。

例 5-2 单位阶跃信号。

说明:单位阶跃信号的定义为:$u(t)=\begin{cases}1 & t>0 \\ 0 & t<0\end{cases}$,单位阶跃信号是信号分析的基本信号之一,在信号与系统分析中有着非常重要的作用,通常,我们用它来表示信号的定义域,简化信号的时域表示形式。例如:可以用两个不同延时的单位阶跃信号来表示一个矩形门信号,即:$G_2(t)=u(t)-u(t-1)$。

在 MATLAB 中,可通过多种方法得到单位阶跃信号,下面分别介绍。

① 方法一:调用 Heaviside(t)函数。

在 MATLAB 的 Symbolic Math Toolbox 中,有专门用于表示单位阶跃信号的函数,即 Heaviside(t)函数,用它即可方便地表示出单位阶跃信号以及延时的单位阶跃信号,并且可以方便地参加有关的各种运算过程。

首先定义函数 Heaviside(t)的 m 函数文件,该文件名应与函数名同名,即 Heaviside.m。

定义函数文件,函数名为 Heaviside,输入变量为 t,输出变量为 y:

function y＝ Heaviside(t)

y＝(t＞0);％定义函数体,即函数所执行指令

此处定义 $t>0$ 时 $y=1,t\leqslant0$ 时 $y=0$,注意与实际的阶跃信号定义的区别。

例如,用 MATLAB 画出单位阶跃信号的波形,其程序如下:

ut＝sym('Heaviside(t)');%定义单位阶跃信号(要用符号函数定义法)

ezplot(ut,[−2,10])%绘制单位阶跃信号在−2～10 范围之间的波形

② 方法二:数值计算法。

在 MATLAB 中,有一个专门用于表示单位阶跃信号的函数,即 stepfun()函数,它是用数值计算法表示的单位阶跃函数 $u(t)$。其调用格式为:

stepfun(t,t0)

其中,t 是以向量形式表示的变量,$t0$ 表示信号发生突变的时刻,在 $t0$ 以前,函数值小于零,$t0$ 以后函数值大于零。

例如,用 stepfun( )函数表示单位阶跃信号,并绘出其波形,程序如下:

t＝−1:0.01:4;%定义时间样本向量

t0＝0;%指定信号发生突变的时刻

ut＝stepfun(t,t0);%产生单位阶跃信号

plot(t,ut)%绘制波形

axis([−1,4,−0.5,1.5])%设定坐标轴范围

例 5-3 绘制 $f(t)＝e^{-0.4t}$ 波形。

说明:指数信号 $f(t)＝Ae^{at}$,指数信号在 MATLAB 中用 exp()函数表示。

调用格式为:

ft＝A * exp(a * t)

程序如下:

A＝1; a＝−0.4;

t＝0:0.01:10;%定义时间点

ft＝A * exp(a * t);%计算这些点的函数值

plot(t,ft);%画图命令,用直线段连接函数值表示曲线

grid on;%绘制网格线

例 5-4 绘制三角信号波形。

说明:三角信号在 MATLAB 中用 tripuls()函数表示。

调用格式为:

ft＝tripuls(t,width,skew)%产生幅度为 1,宽度为 width,且以 0 为中心左右各展开
　　　　　　　　　　　　width/2 大小,斜度为 skew 的三角波。width 的默认值
　　　　　　　　　　　　是 1,skew 的取值范围为−1～1。一般最大幅度 1 出现
　　　　　　　　　　　　在 t＝(width/2) * skew 的横坐标位置

程序如下:

t＝−3:0.01:3;%定义时间点

ft＝tripuls(t,4,0.5);%计算这些点的函数值

plot(t,ft);%画图命令,用直线段连接函数值表示曲线

grid on;%绘制网格线

axis([−3,3,−0.5,1.5]);%定义坐标轴范围

例 5-5 绘出门符号函数的波形。

符号函数的定义为：$\text{sgn}(t) = \begin{cases} 1 & t > 0 \\ -1 & t < 0 \end{cases}$。

说明：符号函数在 MATLAB 中用 sign(t)函数表示。程序如下：

t＝－5:0.01:5;％定义自变量取值范围及间隔，生成行向量 t

f＝sign(t);％定义符号信号表达式，生成行向量 f

figure(1);％打开图形窗口 1

plot(t,f),％绘制符号函数的波形

axis([－5,5,－1.5,1.5])％定义坐标轴显示范围

2. 连续时间信号的运算

信号基本运算是乘法、加法、尺度、反转、平移、微分、积分，卷积实现方法有数值法和符号法。

（1）尺度、反转、平移运算。

例 5-6 以 $f(t)$ 为三角信号为例，求 $f(2t)$，$f(2-2t)$。

程序如下：

t＝－3:0.001:3;％定义时间点

ft＝tripuls(t,4,0.5);％计算三角信号的函数值

subplot(3,1,1);％在一个图像窗口中共画 3 个图，先画第一个图

plot(t,ft);

grid on;

title ('f(t)');％在图中添加标题

ft1＝ tripuls(2 * t,4,0.5);％尺度运算

subplot(3,1,2);％在一个图像窗口中画 3 个图，画第二个图

plot(t,ft1);

grid on;

title ('f(2t)');％在图中添加标题

ft2＝ tripuls(2－2 * t,4,0.5);％反褶、尺度、移位

subplot(3,1,3);％在一个图像窗口中画 3 个图，画第三个图

plot(t,ft2);

grid on;

title ('f(2-2t)');％在图中添加标题

（2）信号相加、相乘运算。

例 5-7 已知 $f_1(t) = \sin wt$，$f_2(t) = \sin 8wt$，$w = 2\pi$，求 $f_1(t) + f_2(t)$ 和 $f_1(t)f_2(t)$ 的波形图。

程序如下：

w＝2 * pi;t＝0:0.01:3;

f1＝sin(w * t);f2＝sin(8 * w * t);

subplot(211)

plot(t,f1＋1,':',t,f1－1,':',t,f1＋f2)

grid on;title('f1(t)＋f2(t))'

```
subplot(212)
plot(t,f1,'：',t,-f1,'：',t,f1.*f2)
grid on；title('f1(t)*f2(t)')
```

（3）微分、积分运算。

微分的调用格式为：

diff(function,'variable',n)％function 表示要微分或积分的函数，variable 表示运算变量，n 表示求导阶数，默认值是求一阶导数

积分的调用格式为：

int(function,'variable',a,b)％a 是积分下限，b 是积分上限，a,b 默认是求不定积分

例 5-8　求一阶导数的例题，已知 $y_1 = \sin(ax^2)$，$y_2 = x\sin x\ln x$。

程序如下：

```
clear
syms a x y1 y2％定义符号变量 a,x,y1,y2
y1=sin(a*x^2)％符号函数 y1
y2=x*sin(x)*log(x)％符号函数 y2
dy1=diff(y1,'x')％无分号直接显示微分结果
dy2=diff(y2)％无分号直接显示微分结果
```

例 5-9　求 $\int (x^5 - ax + \dfrac{\sqrt{x}}{2})dx$，$\int_0^1 \dfrac{xe^x}{(1+x)^2}dx$。

```
clear
syms a x y3 y4％定义符号变量 a, x ,y3, y4
y3=x^5-a*x^2+sqrt(x)/2;％符号函数 y3
y4=(x*exp(x))/(1+x)^2;％符号函数 y4
iy3=int(y3,'x')％无分号直接显示积分结果
iy4=int(y4,0,1)％无分号直接显示积分结果
```

（4）卷积运算。

信号的卷积是数学上的一种积分运算，两个信号的卷积定义为：

$$y(t) = f_1(t) \times f_2(t) \triangleq \int_{-\infty}^{\infty} f_1(\tau) f_2(t-\tau) dt$$

信号的卷积运算在系统分析中主要用于求解系统的零状态响应。MATLAB 中是利用 conv() 函数来实现卷积的。

功能：实现两个函数 $f_1(t)$ 和 $f_2(t)$ 的卷积。

格式：

g=conv(f1,f2)

说明：f1=$f_1(t)$，f2=$f_2(t)$ 表示两个函数，g=$g(t)$ 表示两个函数的卷积结果。

例 5-10　已知两信号 $f_1(t)=u(t-1)-u(t-2)$，$f_2(t)=u(t-2)-u(t-3)$，求卷积 $g(t)=f_1(t) \times f_2(t)$。

程序如下：

```
clear
```

t1＝1:0.01:2; t2＝2:0.01:3;

t3＝3:0.01:5;%两信号卷积结果自变量 t 区间应为[两信号起始时刻之和至两信号终

止时刻之和]

f1＝ones(size(t1));%高度为 1 的门函数,门函数尺度与 t1 相同

f2＝ones(size(t2));%高度为 1 的门函数,门函数尺度与 t2 相同

g＝conv(f1,f2);%对 f1 和 f2 进行卷积

subplot(3,1,1),plot(t1,f1);%画 f1 的波形

axis([0,6,－2,2]);%定义坐标轴范围

subplot(3,1,2),plot(t2,f2);%画 f2 的波形

axis([0,6,－2,2]);%定义坐标轴范围

subplot(3,1,3),plot(t3,g);%画 g 的波形

grid on;

axis([0,6,－2,150]);%定义坐标轴范围

3.求连续时间系统响应

对于连续的 LTI 系统,当系统输入为 $f(t)$,输出为 $y(t)$,线性常系数微分方程:

$$\sum_{i=0}^{n} a_i y^{(i)}(t) = \sum_{j=0}^{m} b_j f^{(j)}(t)$$

$$a_n y^{(n)} + a_{n-1} y^{(n-1)} + \cdots + a_1 y' + a_0 = b_m f^{(m)} + b_{m-1} f^{m-1} + \cdots + b_1 f' + b_0$$

(1)求系统的单位冲激响应。当系统输入为单位冲激信号 $\delta(t)$ 时产生的零状态响应称
为系统的单位冲激响应,用 $h(t)$ 表示,如图 5-1 所示。

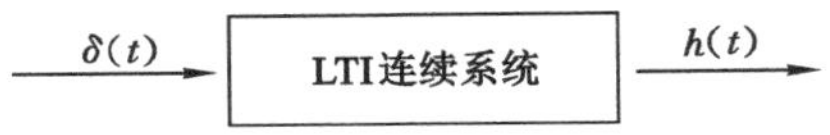

图 5-1　单位冲激响应

在 MATLAB 中有专门用于求解连续系统冲激响应并绘制其时域波形的函数 impulse( ),
函数 impulse( )将绘制出由向量 a 和 b 所表示的连续系统在指定时间范围内的单位冲激响应
$h(t)$ 的时域波形图,并能求出指定时间范围内冲激响应的数值解。向量 a 为输出 $y(t)$ 前系数
$[a_n, a_{n-1}, \cdots, a_0]$,向量 b 为输入 $f(t)$ 前系数 $[b_m, b_{m-1}, \cdots, b_0]$。

impulse(b,a)以默认方式绘出由向量 a 和 b 所定义的连续系统的冲激响应的时域
波形。

impulse(b,a,$t0$)绘出由向量 a 和 b 所定义的连续系统在 $0 \sim t0$ 时间范围内冲激响应
的时域波形。

impulse(b,a,$t1$:p:$t2$)绘出由向量 a 和 b 所定义的连续系统在 $t1 \sim t2$ 时间范围内,并
且以时间间隔 p 均匀取样的冲激响应的时域波形。

y＝impulse(b,a,$t1$:p:$t2$)只求出由向量 a 和 b 所定义的连续系统在 $t1 \sim t2$ 时间范围
内,并且以时间间隔 p 均匀取样的冲激响应的数值解,但不绘出其相应波形。

例 5-11　若某连续系统的输入为 $f(t)$,输出为 $y(t)$,求该系统的单位冲激响应 $h(t)$。
系统的微分方程为 $y''(t) + 5y'(t) + 6y(t) = 3f'(t) + 2f(t)$。

程序如下:

a＝[1　5　6];%构造向量 a

b＝[3　2];%构造向量 b

impulse(b,a,4);%计算单位冲激响应,并画图

h＝impulse(b,a,4)%给出单位冲激响应的数值解

（2）求系统的单位阶跃响应。若输入为单位阶跃信号 $u(t)$ 时,系统产生的零状态响应则称为系统的单位阶跃响应,记为 $g(t)$,如图 5-2 所示。

图 5-2　单位阶跃响应

在 MATLAB 中有专门用于求解连续系统阶跃响应并绘制其时域波形的函数 step( ),函数 step( )将绘制出由向量 **a** 和 **b** 所表示的连续系统的阶跃响应,在指定的时间范围内的波形图,并且求出数值解。和 impulse( )函数一样,step( )也有如下四种调用格式:

step(b,a)

step(b,a,t0)

step(b,a,t1:p:t2)

y＝step(b,a,t1:p:t2)

上述调用格式的功能和 impulse( )函数完全相同,所不同只是所绘制(求解)的是系统的阶跃响应 $g(t)$,而不是冲激响应 $h(t)$。

例 5-12　若某连续系统的输入为 $f(t)$,输出为 $y(t)$,求该系统的单位阶跃响应 $g(t)$。系统的微分方程为 $y''(t)+5y'(t)+6y(t)=3f'(t)+2f(t)$。

程序如下:

a＝[1　5　6];%构造向量 a

b＝[3　2];%构造向量 b

step(b,a,4);%计算单位阶跃响应,并画图

h＝step(b,a,4)%给出单位阶跃响应的数值解

（3）求系统在任意激励信号作用下的响应。

如果系统输入为 $f(t)$,冲激响应为 $h(t)$,系统的零状态响应为 $y(t)$,则有 $y(t)=h(t)\times f(t)$。若已知系统的输入信号及初始状态,我们便可以用微分方程的经典时域求解方法,求出系统的响应。

在 MATLAB 中,应用 lsim( )函数很容易就能对上述微分方程所描述的系统的响应进行仿真,求出系统在任意激励信号作用下的响应。lsim( )函数不仅能够求出连续系统在指定的任意时间范围内系统响应的数值解,而且还能同时绘制出系统响应的时域波形图。

根据系统有无初始状态,lsim( )函数有如下两种调用格式。

① 系统无初态时,调用 lsim( )函数可求出系统的零状态响应,格式如下:

lsim(b,a,x,t)

绘出由向量 **a** 和 **b** 所定义的连续系统在输入为 **x** 和 **t** 所定义的信号时,系统零状态响应的时域仿真波形,且时间范围与输入信号相同。其中 **x** 和 **t** 是表示输入信号的行向量,**t** 为表

示输入信号时间范围的向量,**x** 则是输入信号对应于向量 t 所定义的时间点上的取样值。

y＝lsim(b,a,x,t)

与前面的 impulse()和 step()函数类似,该调用格式并不绘制出系统的零状态响应曲线,而只是求出与向量 t 定义的时间范围相一致的系统零状态响应的数值解。

② 系统有初始状态时,调用 lsim()函数可求出系统的全响应,格式如下:

lsim(A,B,C,D,e,t,X0)

绘出由系数矩阵 **A**、**B**、**C**、**D** 所定义的连续时间系统在输入为 e 和 t 所定义的信号时,系统输出函数的全响应的时域仿真波形。t 为表示输入信号时间范围的向量,e 则是输入信号对应于向量 **t** 所定义的时间点上的取样值,**X**0 表示系统状态变量 $X=[x_1,x_2,\cdots,x_n]$ 在 $t＝0$ 时刻的初值。

[Y,X]＝lsim(A,B,C,D,e,t,X0)

不绘出全响应波形,而只是求出与向量 t 定义的时间范围相一致的系统输出向量 **Y** 的全响应以及状态变量 **X** 的数值解。

显然,函数 lsim()对系统响应进行仿真的效果取决于向量 t 的时间间隔的密集程度,t 的取样时间间隔越小则响应曲线越光滑,仿真效果也越好。

说明:

① 当系统有初始状态时,若使用 lsim()函数求系统的全响应,就要使用系统的状态空间描述法,即首先要根据系统给定的方式,写出描述系统的状态方程和输出方程。假如系统原来给定的是微分方程或系统函数,则可用相变量法或对角线变量等方法写出系统的状态方程和输出方程。

② 显然利用 lsim()函数不仅可以分析单输入单输出系统,还可以分析复杂的多输入多输出系统。

例 5-13 若某连续系统的输入为 $f(t)=e^{-2t}\varepsilon(t)$,输出为 $y(t)$,求系统的零状态响应 $y(t)$。系统的微分方程为 $y''(t)+5y'(t)+6y(t)=3f'(t)+2f(t)$。

程序如下:

```
a＝[1  5  6];b＝[3  2];
p1＝0.01;%定义取样时间间隔为0.01
t1＝0:p1:5;%定义时间范围
x1＝exp(-2*t1);%定义输入信号
lsim(b,a,x1,t1)%对取样间隔为0.01时系统响应进行仿真
```

例 5-14 已知一个过阻尼二阶系统的状态方程和输出方程分别为:

$$x'(t)=\begin{bmatrix}0&1\\-2&-3\end{bmatrix}X(t)+\begin{bmatrix}0\\2\end{bmatrix}f(t),y(t)=\begin{bmatrix}0&1\end{bmatrix}X(t)$$

若系统初始状态为 $X(0)=[4\quad -5]^T$,求系统在 $f(t)=3e^{-4t}u(t)$ 作用下的全响应。

程序如下:

```
A＝[0  1;-2  -3];B＝[0  2];C＝[0  1];D＝[0];
X0＝[4  -5]';%定义系统初始状态
t＝0:0.01:10;
E＝[3*exp(-4*t).*ones(size(t))]';%定义系统激励信号
```

［r,x］＝lsim(A,B,C,D,E,t,X0)；% 求出系统全响应的数值解
plot(t,r)% 绘制系统全响应波形

三、实验内容

（1）画信号波形。

① 利用 stepfun()函数绘出门函数 $f(t)=u(t+2)-u(t-2)$ 的波形。

② 利用 stepfun()函数绘出信号 $f(t)=u(t+2)-3u(t-5)$ 的波形。

③ 利用符号函数绘出阶跃信号的波形。

④ 绘制波形 $f(t)=(2-e^{-2t})u(t)$。

（2）已知 $f(t)$ 为三角信号，求 $f_1(t)=f(3t)$、$f_2(t)=f(\frac{1}{3}t)$。分析 $f_1(t)$、$f_2(t)$ 和 $f(t)$ 的关系，总结尺度运算规律。

（3）① 已知两信号 $f_1(t)=u(t-1)-u(t-2)$，$f_2(t)=u(t-3)-u(t-4)$，求卷积 $g_1(t)=f_1(t)\times f_2(t)$，绘制信号 $f_1(t)$、$f_2(t)$ 及卷积结果。

② 已知两信号 $f_1(t)=u(t-1)-u(t-2)$，$f_3(t)=u(t-2)-u(t-5)$，求卷积 $g_2(t)=f_1(t)\times f_3(t)$，绘制信号 $f_1(t)$、$f_3(t)$ 及卷积结果。

③ 对比分析结果，得到两个脉冲信号卷积运算规律。

（4）求系统的单位冲激响应 $h(t)$ 和零状态响应 $y(t)$，并用 MATLAB 绘出系统单位冲激响应、阶跃响应和系统零状态响应的波形。系统的微分方程为：

$$y''(t)+4y'(t)+4y(t)=f'(t)+3f(t),f(t)=e^{-1}\varepsilon(t)$$

四、实验报告要求

（1）简述实验目的及实验原理；

（2）抄写实验内容，写出程序清单，记录信号波形；

（3）根据要求给出分析结果；

（4）撰写实验总结（收获及体会）。

实验 5.2 连续时间信号的频域分析

一、实验目的

(1) 了解傅里叶变换的 MATLAB 实现方法,熟悉绘制信号的频谱图。

(2) 用 MATLAB 分析线性时不变系统(LTI 系统)的频率特性。

(3) 学会用 MATLAB 实现连续信号的采样和重建。

二、实验原理

1. 信号的傅里叶变换及频谱图

从已知信号 $f(t)$ 求出相应的频谱函数 $F(j\omega)$ 的数学表示为:

$$F(j\omega) = \int_{-\infty}^{\infty} f(t) e^{-j\omega t} \, dt$$

$f(t)$ 的傅里叶变换存在的充分条件是 $f(t)$ 在无限区间内绝对可积,即 $f(t)$ 满足下式:

$$\int_{-\infty}^{\infty} |f(t)| \, dt < \infty$$

傅里叶反变换的定义为:

$$f(t) = \frac{1}{2\pi} \int_{-\infty}^{\infty} F(j\omega) e^{j\omega t} \, d\omega$$

在 MATLAB 中实现傅里叶变换的方法有两种:一种是利用 MATLAB 中的 Symbolic Math Toolbox 提供的专用函数直接求解函数的傅里叶变换和傅里叶反变换,另一种是傅里叶变换的数值计算实现法。下面分别介绍这两种实现方法的原理。

(1) 直接调用专用函数法。

① 在 MATLAB 中实现傅里叶变换的函数为:

F=fourier(f)% 对 f(t)进行傅里叶变换,其结果为 F(w)

F=fourier(f,v)% 对 f(t)进行傅里叶变换,其结果为 F(v)

F=fourier(f,u,v)% 对 f(u)进行傅里叶变换,其结果为 F(v)

② 在 MATLAB 中实现傅里叶反变换的函数为:

f=ifourier(F)% 对 F(w)进行傅里叶反变换,其结果为 f(x)

f=ifourier(F,U)% 对 F(w)进行傅里叶反变换,其结果为 f(u)

f=ifourier(F,v,u)% 对 F(v)进行傅里叶反变换,其结果为 f(u)

由于 MATLAB 中函数类型非常丰富,要想了解函数的意义和用法,可以用 help 命令。如在命令窗口键入:help fourier 回车,则会得到 fourier 的意义和用法。

注意:

① 在调用函数 fourier( )及 ifourier( )之前,要用 syms 命令对所有需要用到的变量(如 t,

u,v,w 等进行说明,即要将这些变量说明成符号变量。对 fourier( )中的 f 及 ifourier( )中的 F 也要用符号定义符 sym 将其说明为符号表达式。

② 采用 fourier( )及 ifourier( )得到的返回函数,仍然为符号表达式。在对其作图时要用 ezplot( )函数,而不能用 plot( )函数。

③ fourier( )及 ifourier( )函数的应用有很多局限性,如果在返回函数中含有 $\delta(\omega)$ 等函数,则 ezplot( )函数也无法作出图来。另外,在用 fourier( )函数对某些信号进行变换时,其返回函数如果包含一些不能直接表达的式子,则此时也无法作图。这是 fourier( )函数的一个局限。另一个局限是尽管原时间信号 $f(t)$ 是连续的,但却不能表示成符号表达式,此时只能应用下面介绍的数值计算法来进行傅里叶变换,当然,大多数情况下,用数值计算法所求的频谱函数只是一种近似值。

例 5-15　求 $f(t)=e^{-2|t|}$ 的傅里叶变换。

程序如下:

```
syms t
Fw=fourier(exp(-2*abs(t)))
```

运行结果:

Fw=4/(w^2+4)

例 5-16　求 $F(\mathrm{j}w)=\dfrac{1}{1+\mathrm{j}w}$ 的逆变换 $f(t)$。

程序如下:

```
syms t w
ft=ifourier(1/(1+j*w),t)
```

运行结果:

ft =heaviside(t)/exp(t)

例 5-17　求门函数 $f(t)=u(t+1)-u(t-1)$ 的傅里叶变换,并画出幅度频谱图。

程序如下:

```
syms t w%定义两个符号变量t,w
Gt=sym('heaviside(t+1)-heaviside(t-1)');%产生门宽为2的门函数
Fw=fourier(Gt,t,w);%对门函数作傅里叶变换求F(jw)
FFP=abs(Fw);%求振幅频谱|F(jw)|
ezplot(FFP,[-10*pi 10*pi]);grid on;%制函数图形,并加网格
axis([-10*pi 10*pi 0 2.2])%限定坐标轴范围
```

运行结果:

Fw =(1/exp(w*i))*(-pi*dirac(-w)+i/w)-exp(w*i)*(-pi*dirac(-w)+i/w)%%dirac(w)为 $\delta(\omega)$,即傅里叶变换结果中含有奇异函数

FFw=-i*exp(i*w)/w+i*exp(-i*w)/w%FFw 为复数

FFP=abs(-i*exp(i*w)/w+i*exp(-i*w)/w)%求 FFw 的模值

(2) 傅里叶变换的数值计算实现法。

严格说来,如果不使用 symbolic 工具箱,是不能分析连续时间信号的。采用数值计算方法实现连续时间信号的傅里叶变换,实质上只是借助于 MATLAB 的强大数值计算功能,

特别是其强大的矩阵运算能力而进行的一种近似计算。傅里叶变换的数值计算实现法的原理如下：

对于连续时间信号 $f(t)$，其傅里叶变换为：

$$F(\mathrm{j}\omega) = \int_{-\infty}^{\infty} f(t)\mathrm{e}^{-\mathrm{j}\omega t}\,\mathrm{d}t = \lim_{\tau \to 0} \sum_{n=-\infty}^{\infty} f(n\tau)\mathrm{e}^{-\mathrm{j}\omega n\tau}\tau$$

其中，τ 为取样间隔，如果 $f(t)$ 是时限信号，或者当 $|t|$ 大于某个给定值时，$f(t)$ 的值已经衰减得很快，可以近似地看成是时限信号，则上式中的 n 取值就是有限的，假定为 N，有：

$$F(\mathrm{j}\omega) = \tau \sum_{n=0}^{N-1} f(n\tau)\mathrm{e}^{-\mathrm{j}\omega n\tau}$$

若对频率变量 ω 进行取样，得：

$$F(k) = F(\mathrm{j}\omega_k) = \tau \sum_{n=0}^{N-1} f(n\tau)\mathrm{e}^{-\mathrm{j}\omega_k n\tau} \quad 0 < k < M$$

通常取 $\omega_k = \dfrac{\omega_0}{M}k = \dfrac{2\pi}{M\tau}k$，其中 ω_0 是要取的频率范围，或信号的频带宽度。采用 MATLAB 实现上式时，其要点是要生成 $f(t)$ 的 N 个样本值 $f(n\tau)$ 的向量和向量 $\mathrm{e}^{-\mathrm{j}\omega_k n\tau}$，以及两向量的内积（即两矩阵的乘积），结果即完成上式的傅里叶变换的数值计算。

注意：时间取样间隔 τ 的确定，其依据是 τ 必须小于奈奎斯特（Nyquist）取样间隔。如果 $f(t)$ 不是严格的带限信号，则可以根据实际计算的精度要求确定一个适当的频率 ω_0 为信号的带宽。

例 5-18 用数值计算法实现门函数 $f(t) = u(t+1) - u(t-1)$ 的傅里叶变换，并画出幅度频谱图。

分析：该信号的频谱为 $F(\mathrm{j}\omega) = 2Sa(\omega)$，其第一个过零点频率为 π，一般将此频率认为是信号的带宽。但考虑到 $F(\mathrm{j}\omega)$ 的形状（为抽样函数），假如将精度提高到该值的 50 倍，即取 $\omega_0 = 50\omega_B = 50\pi$，则据此确定的 Nyquist 取样间隔为：

$$\tau \leqslant \frac{1}{2F_0} = \frac{1}{2 \times \dfrac{\omega_0}{2\pi}} = 0.02$$

程序如下：

```
R=0.02;%取样间隔为 0.02
t=-2:R:2;%t 为从-2 到 2,间隔为 0.02 的行向量,有 201 个样本点
ft=[zeros(1,50),ones(1,101),zeros(1,50)];%产生 f(t)的样值矩阵[即 f(t)的样本
                                        值组成的行向量]
W1=10*pi;%设置频率值
M=500;k=0:M;w=k*W1/M;%频域采样数为 M,w 为频率正半轴的采样点
Fw=ft*exp(-j*t'*w)*R;%求傅里叶变换 F(jw)
FRw=abs(Fw);%取振幅
W=[-fliplr(w),w(2:501)];%由信号双边频谱的偶对称性,利用 fliplr(w)形成负半
                       轴的点,w(2:501)为正半轴的点,函数 fliplr(w)对矩
                       阵 w 行向量作 180°反转
FW=[fliplr(FRw),FRw(2:501)];%形成对应于 2M+1 个频率点的值
```

Subplot(2,1,1);plot(t,ft);grid on;%画出原时间函数 f(t)的波形,并加网格

xlabel('t');ylabel('f(t)');%坐标轴标注

title('f(t)＝u(t+1)−u(t−1)');%标题文本标注

subplot(2,1,2);plot(W,FW);grid on;%画出振幅频谱的波形,并加网格

xlabel ('W') ; ylabel ('F(W)');%坐标轴标注

title('f(t)的振幅频谱图');%标题文本标注

2. 用 MATLAB 分析 LTI 系统的频率特性

当系统的频率响应 $H(jw)$ 是 jw 的有理多项式时,有:

$$H(jw)=\frac{B(w)}{A(w)}=\frac{b_M(jw)^M+b_{M-1}(jw)^{M-1}+L+b_1(jw)+b_0}{a_N(jw)^N+a_{N-1}(jw)^{N-1}+L+a_1(jw)+a_0}$$

MATLAB 信号处理工具箱提供的 freqs()函数可直接计算系统的频率响应的数值解。调用格式:

H＝freqs(b,a,w)

其中,a 和 b 分别是 $H(jw)$ 的分母和分子多项式的系数向量,w 为形如 $w1:p:w2$ 的向量,定义系统频率响应的频率范围,$w1$ 为频率起始值,$w2$ 为频率终止值,p 为频率取样间隔。H 返回 w 所定义的频率点上系统频率响应的样值。

计算幅度频谱:

abs(H)

计算相位频谱:

angle (H)

例 5-19　试画出该系统的幅度响应 $|H(jw)|$ 和相位响应 $\varphi(w)$,并分析是何种滤波器。函数式如下:

$$H(jw)=\frac{1}{(jw)^3+2(jw)^2+2(jw)+1}$$

程序如下:

```
w＝0:0.025:5;
b＝[1];a＝[1,2,2,1];
H＝freqs(b,a,w);
subplot(2,1,1);
plot(w,abs(H));grid on;
xlabel('\omega(rad/s)');ylabel('|H(j\omega)|');
title('H(jw)的幅频特性');
subplot(2,1,2);
plot(w,angle (H));grid on;
xlabel('\omega(rad/s)');ylabel('\phi\omega)');
title('H(jw)的相频特性');
```

3. 用 MATLAB 分析 LTI 系统的输出响应

例 5-20　已知 RC 电路如图 5-3 所示,系统的输入电压为 $f(t)$,输出信号为电阻两端的电压 $y(t)$。当 $RC=0.04$,$f(t)=\cos 5t+\cos 100t$,$-\infty<t<+\infty$ 时试求该系统的响

应 $y(t)$。

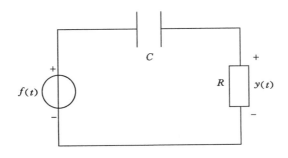

图 5-3 *RC* 电路

由图 5-3 可知,该电路为一个微分电路,其频率响应为:

$$H(\mathrm{j}w) = \frac{R}{R + 1/\mathrm{j}wC} = \frac{\mathrm{j}w}{\mathrm{j}w + 1/RC}$$

由此可求出余弦信号 $\cos \omega_0 t$ 通过 LTI 系统的响应为:

$$y(t) = \mid H(\mathrm{j}\omega_0) \mid \cos(\omega_0 t + \varphi(\omega_0))$$

计算该系统响应的 MATLAB 程序及响应波形如下:

```
RC=0.04;
t=linspace(-2,2,1024);
w1=5;w2=100;
H1=j*w1/(j*w1+1/RC);
H2=j*w2/(j*w2+1/RC);
f=cos(5*t)+cos(100*t);
y=abs(H1)*cos(w1*t+angle(H1))+ abs(H2)*cos(w2*t+angle(H2));
subplot(2,1,1);
plot(t,f);
ylabel('f(t)');xlabel('Time(s)');
subplot(2,1,2);
plot(t,y);
ylabel('y(t)');xlabel('Time(s)');
```

4. 信号的采样与重构

(1) 抽样定理。

若 $f(t)$ 是带限信号,带宽为 ω_m,$f(t)$ 经采样后的频谱 $F_s(\omega)$ 就是将 $f(t)$ 的频谱 $F(\omega)$ 在频率轴上以采样频率 ω_s 为间隔进行周期延拓。因此,当 $\omega_s \geqslant \omega_m$ 时,不会发生频率混叠;而当 $\omega_s < \omega_m$ 时将发生频率混叠。

(2) 信号重建。

经采样后得到信号 $f_s(t)$ 经理想低通 $h(t)$ 则可得到重建信号 $f(t)$,即:

$$f(t) = f_s(t) \times h(t)$$

其中: $f_s(t) = f(t)\sum_{-\infty}^{\infty}\delta(t - nT_s) = \sum_{-\infty}^{\infty}f(nT_s)\delta(t - nT_s), h(t) = T_s\frac{\omega_c}{\pi}Sa(\omega_c t)$。

所以：

$$f(t) = \sum_{-\infty}^{\infty} f(nT_s)\delta(t-nT_s) \times T_s\frac{\omega_c}{\pi}Sa(\omega_c t)$$

$$= T_s\frac{\omega_c}{\pi}\sum_{-\infty}^{\infty} f(nT_s)Sa[\omega_c(t-nT_s)]$$

上式表明，连续信号可以展开成抽样函数的无穷级数。

利用 MATLAB 中的 $\sin c(t) = \dfrac{\sin(\pi t)}{\pi t}$ 来表示 $Sa(t)$，有 $Sa(t) = \sin c(\dfrac{t}{\pi})$，所以可以得到在 MATLAB 中信号由 $f(nT_s)$ 重建 $f(t)$ 的表达式如下：

$$f(t) = T_s\frac{\omega_c}{\pi}\sum_{-\infty}^{\infty} f(nT_s)\sin c[\frac{\omega_c}{\pi}(t-nT_s)]$$

选取信号 $f(t) = Sa(t)$ 作为被采样信号，当采样频率 $\omega_s = 2\omega_m$ 时，称为临界采样。取理想低通的截止频率 $\omega_c = \omega_m$。下面程序实现对信号 $f(t) = Sa(t)$ 的采样及由该采样信号恢复重建 $Sa(t)$。

例 5-21　$Sa(t)$ 的临界采样及信号重构。

程序如下：

```
wm=1;%信号带宽
wc=wm;%滤波器截止频率
Ts=pi/wm;%采样间隔
ws=2*pi/Ts;%采样角频率
n=-100:100;%时域采样点数
nTs=n*Ts%时域采样点
f=sinc(nTs/pi);
Dt=0.005;t=-15:Dt:15;
fa=f*Ts*wc/pi*sinc((wc/pi)*(ones(length(nTs),1)*t-nTs'*ones(1,length(t))));
%信号重构
t1=-15:0.5:15;
f1=sinc(t1/pi);
subplot(211);
stem(t1,f1);
xlabel('kTs');ylabel('f(kTs)');
title('sa(t)=sinc(t/pi)的临界采样信号');
subplot(212);
plot(t,fa)
xlabel('t');ylabel('fa(t)');
title('由 sa(t)=sinc(t/pi)的临界采样信号重构 sa(t)');
grid on;
```

例 5-22　$Sa(t)$ 的过采样及信号重构和绝对误差分析。

将采样间隔改成 $T_s = 0.7 \times \pi/\omega_m$，滤波器截止频率改成 $\omega_c = 1.1\omega_m$，添加一个误差函

数,程序如下:

```
wm=1;
wc=1.1 * wm;
Ts=0.7 * pi/wm;
ws=2 * pi/Ts;
n=-100:100;
nTs=n * Ts
f=sinc(nTs/pi);
Dt=0.005;t=-15:Dt:15;
fa=f * Ts * wc/pi * sinc((wc/pi) * (ones(length(nTs),1) * t-nTs' * ones(1,length(t))));
error=abs(fa-sinc(t/pi));%重构信号与原信号误差
t1=-15:0.5:15;
f1=sinc(t1/pi);
subplot(311);
stem(t1,f1);
xlabel('kTs');
ylabel('f(kTs)');
title('sa(t)=sinc(t/pi)的采样信号');
subplot(312);
plot(t,fa)
xlabel('t');ylabel('fa(t)');
title('由 sa(t)=sinc(t/pi)的过采样信号重构 sa(t)');
grid on;
subplot(313);
plot(t,error);
xlabel('t');
ylabel('error(t)');
title('过采样信号与原信号的误差 error(t)');
```

三、实验内容

(1) 编程实现下列信号的幅度频谱。

① 求出 $f_1(t)=u(2t+1)-u(2t-1)$ 的频谱函数 $F_1(j\omega)$,请将它与上面门宽为 2 的门函数 $f(t)=u(t+1)-u(t-1)$,$f(t)=\varepsilon(t+1)-\varepsilon(t-1)$ 的频谱进行比较,观察两者的特点,说明两者的关系。

② 单边指数信号 $f(t)=e^{-1}u(t)$。

(2) 利用 ifourier( ) 函数求 $F(j\omega)=\pi\delta(\omega)+\dfrac{1}{j\omega}$ 的傅里叶反变换。

(3) 设 $H(j\omega)=\dfrac{1}{0.08(j\omega)^2+0.4j\omega+1}$,试用 MATLAB 画出该系统的幅频特性

$|H(\mathrm{j}w)|$ 和相频特性 $\varphi(w)$，并分析系统具有何种滤波特性。

（4）若系统函数 $H(\mathrm{j}w) = \dfrac{1}{1+\mathrm{j}w}$，激励为 $e(t) = \sin(t) + \sin(3t)$，求响应 $r(t)$，画出 $e(t)$、$r(t)$ 的波形，讨论传输后是否引起失真。

（5）设 $f(t) = 0.5 \times (1 + \cos t)$，由于不是严格的频带有限信号，但其频谱大部分集中在 $[0,2]$ 之间，带宽 w_m 可根据一定的精度要求做一些近似。试根据以下情况用 MATLAB 实现由 $f(t)$ 的抽样信号 $f_\mathrm{s}(t)$ 重建 $f(t)$，画出原信号、采样信号和重构信号波形，分析结果。

① $w_\mathrm{m} = 2, w_\mathrm{c} = 1.2w_\mathrm{m}, T_\mathrm{s} = 1$。

② $w_\mathrm{m} = 2, w_\mathrm{c} = 2, T_\mathrm{s} = 2$。

③ 逐步加大 T_s 为 2.5、3、5，并观察结果。

四、实验报告要求

（1）简述傅里叶变换的原理、LTI 系统频率响应、输出响应、抽样和重构原理。

（2）根据实验原理中给出的例子，编写实验内容中的 5 个题目，所有题目中的信号时间范围自定义；写出程序清单，记录实验的波形图，并分析结果。

（3）撰写实验总结（收获及体会）。

实验 5.3　系统的复频域分析

一、实验目的

（1）熟悉拉普拉斯变换的原理及性质。
（2）熟悉常见信号的拉普拉斯变换。
（3）掌握系统函数零极点的定义。
（4）熟悉零极点与频率响应的关系。
（5）掌握极点与系统稳定性的关系。

二、实验原理

1. 拉普拉斯正变换

拉普拉斯变换是分析连续时间信号的重要手段。对于当 $t \to \infty$ 时信号的幅值不衰减的时间信号，即在 $f(t)$ 不满足绝对可积的条件时，其傅里叶变换可能不存在，但此时可以用拉普拉斯变换法来分析它们。连续时间信号 $f(t)$ 的单边拉普拉斯变换 $F(s)$ 的定义为：

$$F(s) = \int_0^\infty f(t) \mathrm{e}^{-st} \, \mathrm{d}t$$

显然，上式中 $F(s)$ 是复变量 s 的复变函数，为了便于理解和分析 $F(s)$ 随 s 的变化规律，将 $F(s)$ 写成模及相位的形式：$F(s) = |F(s)| \mathrm{e}^{\mathrm{j}\varphi(s)}$。其中，$|F(s)|$ 为复信号 $F(s)$ 的模，而 $\varphi(s)$ 为 $F(s)$ 的相位。由于复变量 $s = \sigma + \mathrm{j}\omega$，如果以 σ 为横坐标（实轴），$\mathrm{j}\omega$ 为纵坐标（虚轴），这样，复变量 s 就成为一个复平面，我们称之为 s 平面。从三维几何空间的角度来看，$|F(s)|$ 和 $\varphi(s)$ 分别对应着复平面上的两个曲面，如果绘出它们的三维曲面图，就可以直观地分析连续信号的拉普拉斯变换 $F(s)$ 随复变量 s 的变化情况，在 MATLAB 语言中有专门对信号进行正反拉普拉斯变换的函数，并且利用 MATLAB 的三维绘图功能很容易画出漂亮的三维曲面图。

在 MATLAB 中实现拉普拉斯变换的函数为：

F＝laplace(f)％对 f(t)进行拉普拉斯变换，其结果为 F(s)

F＝laplace(f,v)％对 f(t)进行拉普拉斯变换，其结果为 F(v)

F＝laplace(f,u,v)％对 f(u)进行拉普拉斯变换，其结果为 F(v)

注意：在调用函数 laplace( )之前，要用 syms 命令对所有需要用到的变量（如 t, u, v, w 等）进行说明，即要将这些变量说明成符号变量。对 laplace( )中的 f 也要用符号定义符 sym 将其说明为符号表达式。

例 5-23　求出连续时间信号 $f(t) = \sin(t)u(t)$ 的拉普拉斯变换式，并画出图形。

求函数拉普拉斯变换程序如下：

syms t s%定义符号变量

ft＝sym('sin(t)＊heaviside(t)');%定义时间函数 f(t)的表达式

Fs＝laplace(ft)%求 f(t)的拉普拉斯变换式 F(s)

运行结果：

Fs＝1/(s^2＋1)

绘制拉普拉斯变换三维曲面图的方法有 2 种。

方法一程序如下：

syms x y s

s＝x＋i＊y;%产生复变量 s

FFs＝1/(s^2＋1);%将 F(s)表示成复变函数形式

FFss＝abs(FFs);%求出 F(s)的模

figure(1)

ezmesh(FFss);%画出拉普拉斯变换的网格曲面图

figure(2)

ezsurf(FFss);%画出带阴影效果的三维曲面图

colormap(hsv);%设置图形中多条曲线的颜色顺序

方法二程序如下：

figure(2)%打开另一个图形窗口

x1＝－5:0.1:5;%设置 s 平面的横坐标范围

y1＝－5:0.1:5;%设置 s 平面的纵坐标范围

[x,y]＝meshgrid(x1,y1);%产生矩阵

s＝x＋i＊y;%产生矩阵 s 来表示所绘制曲面图的复平面区域,其中矩阵 s 包含了复平
　　　　　面－6＜σ＜6,－6＜jω＜6 范围内以间隔 0.01 取样的所有样点

fs＝1./(s.＊s＋1);%计算拉普拉斯变换在复平面上的样点值

ffs＝abs(fs);%求幅值

mesh(x,y,ffs);%绘制拉普拉斯变换的三维网格曲面图

surf(x,y,ffs);%绘制带阴影效果的三维曲面图

axis([－5,5,－5,5,0,8]);%设置坐标显示范围

colormap(hsv);%设置图形中多条曲线的颜色顺序

说明:从拉普拉斯变换的三维曲面图(图 5-4)中可以看出,曲面图上有像山峰一样突出的尖峰,这些峰值点在 s 平面的对应点就是信号拉普拉斯变换的极点位置。而曲面图上的谷点则对应着拉普拉斯变换的零点位置。因此,信号拉普拉斯变换的零极点位置决定了其曲面图上峰点和谷点位置。

2. 拉普拉斯反变换

$$f(t)=\frac{1}{2\pi j}\int_{\sigma-j\omega}^{\sigma+j\omega}F(s)e^{st}\,ds$$

实现拉普拉斯反变换的函数为：

f＝ilaplace(F)%对 F(s)进行拉氏普拉斯变换,其结果为 f(t)

f＝ilaplace(F,u)%对 F(w)进行拉普拉斯反变换,其结果为 f(u)

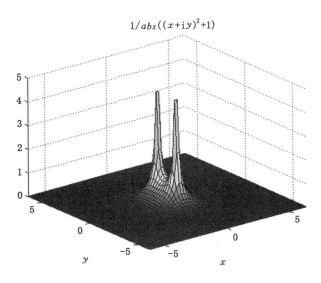

图 5-4　拉普拉斯变换的三维曲面图

f＝ilaplace(F,v,u)％对 F(v)进行拉普拉斯反变换,其结果为 f(u)

注意:在调用函数 ilaplace( )之前,要用 syms 命令对所有需要用到的变量(如 t,u,v,w 等)进行说明,即要将这些变量说明成符号变量。对 ilaplace( )中的 F 也要用符号定义符 sym 将其说明为符号表达式。

例 5-24　求出函数 $F(s)=\dfrac{1}{s^2+1}$ 的拉普拉斯反变换式。

MATLAB 程序如下:

syms t s％定义符号变量

Fs ＝sym('1/(1＋s^2)');％定义 F(s)的表达式

ft＝ilaplace(Fs)％求 F(s)的拉普拉斯反变换式 f(t)

运行结果:

ft＝sin(t)

注意：在 MATLAB 中,求拉普拉斯反变换的函数 ilaplace(),在默认情况下是指拉普拉斯右变换,其运行结果是单边函数。如本例中的运行结果为"ft＝sin(t)",实际上是指"ft＝sin(t)u(t)"。

3.用 MATLAB 进行部分分式展开

描述连续系统的系统函数 $H(s)$ 的一般表示形式为:

$$H(s)=\frac{b_m s^m+b_{m-1}s^{m-1}+\cdots+b_1 s+b_0}{s^n+a_{n-1}s^{n-1}+\cdots+a_1 s+a_0}$$

其对应的零极点形式的系统函数为:

$$H(s)=\frac{b_m(s-z_1)(s-z_2)\cdots(s-z_m)}{(s-p_1)(s-p_2)\cdots(s-p_n)}$$

共有 n 个极点:$p_1,p_2,\cdots,p_n$ 和 m 个零点:$z_1,z_2,\cdots,z_m$。

将系统函数进行部分分式展开,即:

$$H(s) = \frac{k_1}{s - p_1} + \frac{k_2}{s - p_2} + \cdots + \frac{k_{n-1}}{s - p_{n-1}} + \frac{k_n}{s - p_n}$$

用 MATLAB 函数 residue 可以得到复杂有理分式 $H(s)$ 的部分分式展开式,其调用格式为:

[r,p,k]=residue(num,den)

其中,$num = [b_m, b_{m-1}, \cdots, b_0]$ 为 $H(s)$ 分子多项式的系数向量,按降幂顺序排列;$den = [a_n, a_{n-1}, \cdots, a_0]$ 为 $H(s)$ 分母多项式的系数向量,按降幂顺序排列;$r = [k_1, k_2, \cdots, k_n]$ 为部分分式系数;$p = [p_1, p_2, \cdots, p_n]$ 为极点;k 为 $F(s)$ 中整式部分的系数,若 $F(s)$ 为有理真分式,则 k 为零。

例 5-25　用部分分式展开法求 $F(s)$ 的反变换。函数式如下:

$$F(s) = \frac{s + 2}{s^3 + 4s^2 + 3s}$$

程序如下:

```
format rat;%将结果数据以分数形式显示
num=[1,2];
den=[1,4,3,0];
[r,p]=residue(num,den)
```

$F(s)$ 可展开为:

$$F(s) = \frac{\dfrac{2}{3}}{s} + \frac{-0.5}{s + 2} + \frac{\dfrac{-1}{6}}{s + 3}$$

所以,$F(s)$ 的反变换为:

$$f(t) = \left[\frac{2}{3} - \frac{1}{2}\mathrm{e}^{-t} - \frac{1}{6}\mathrm{e}^{-3t} \right] u(t)$$

4. 零极点分布图

把零极点画在 s 平面中得到的图称为零极点图,可以通过零极点分布判断系统的特性。当系统的极点处在 s 的左半平面时系统稳定;处在虚轴上的单阶极点系统稳定;处在 s 的右半平面的极点及处在虚轴上的高阶极点,系统是不稳定的。

调用格式为:

```
[z,p]=tf2zp(num,den)%从系统函数的一般形式求出其零点和极点
[num,den]=ZP2TF(z,p,k)%从零极点求出系统函数的一般式,k 为增益。
pzmap(sys)%sys 为系统函数
```

其中,$z = [z_1 \quad z_2 \quad \cdots \quad z_m]$ 为零点。

例 5-26　已知系统函数 $H(s) = \dfrac{s^2 - 0.5s + 2}{s^2 + 0.4s + 1}$,求其零极点图。

MATLAB 程序如下:

```
num=[1  −0.5  2];%分子系数,按降幂顺序排列
den=[1  0.4  1];%分母系数,按降幂顺序排列
[z,p]=tf2zp(num,den);%求零点 z 和极点 p
zplane(z,p)%作出零极点图
```

5. 用 MATLAB 分析 LTI 系统的频率响应特性

系统在频域中的特性可以用频域中的系统函数表示：

$$H(j\omega) = H(s)\big|_{s=j\omega}$$

$H(j\omega)$ 是复函数，可表示为：

$$H(j\omega) = |H(j\omega)| e^{j\varphi(\omega)}$$

式中，$|H(j\omega)|$ 称为幅频特性，$\varphi(\omega)$ 称为相频特性。由 $H(s)$ 的一般形式求其幅频特性和相频特性。调用函数：

freqs(num,den,w)%画出频率响应曲线

其中，w 为频率范围。

例 5-27 已知系统的传递函数为 $H(s) = \dfrac{0.2s^2 + 0.3s + 1}{s^2 + 0.4s + 1}$，求其频率特性。

程序如下：

num＝[0.2 0.3 1];

den＝[1 0.4 1];

w＝logspace(−1,1);%频率范围

freqs(num,den,w)%画出频率响应曲线

6. 拉普拉斯变换法求解微分方程

拉普拉斯变换法是分析连续 LTI 系统的重要手段。LTI 将时域中的常系数线性微分方程变换为复频域中的线性代数方程，而且系统的起始条件同时体现在该代数方程中，因而大大简化了微分方程的求解。借助 MATLAB 的符号数学工具箱实现拉普拉斯正反变换的方法可以求解微分方程，即求得系统的完全响应。

例 5-28 已知某连续 LTI 系统的微分方程为 $y''(t) + 3y'(t) + 2y(t) = x(t)$，且已知激励信号 $x(t) = 4e^{-2t}u(t)$，起始条件为 $y(0_-) = 3, y'(0_-) = 4$，求系统的零输入响应、零状态响应和全响应。

对原方程两边进行拉普拉斯变换，并利用起始条件，得：

$$s^2 Y(s) - sy(0_-) - y'(0_-) + 3[sY(s) - y(0_-)] + 2Y(s) = X(s)$$

将起始条件及激励变换代入整理可得：

$$Y(s) = \frac{3s + 13}{s^2 + 3s + 2} + \frac{X(s)}{s^2 + 3s + 2}$$

其中，等号右边第一项为零输入响应的拉普拉斯变换，第二项为零状态响应的拉普拉斯变换。利用 MATLAB 求其时域解，源程序如下：

syms t s

Yzis＝(3＊s＋13)/(s^2＋3＊s＋2);

yzi＝ilaplace(Yzis)

系统的零输入响应为：

$$y_{zi}(t) = (10e^{-t} - 7e^{-2t})u(t)$$

系统的零状态响应为：

$$y_{zs}(t) = (4e^{-t} - 4te^{-t} - 4e^{-2t})u(t)$$

系统的完全响应为：

$$y(t) = y_{zi}(t) + y_{zs}(t) = (14e^{-t} - 4te^{-2t} - 11e^{-2t})u(t)$$

三、实验内容

（1）试分别用 laplace() 和 ilaplace() 函数求：

① $f(t) = e^{-t}\sin(at)u(t)$ 的拉普拉斯变换；

② $F(s) = \dfrac{s^2}{s^2+1}$ 的拉普拉斯反变换。

（2）利用 MATLAB 部分分式展开法求 $F(s) = \dfrac{s-2}{s(s+1)^3}$ 的 LTI。

（3）已知系统函数为 $H(s) = \dfrac{1}{s^3+2s^2+2s+1}$，试画出其零极点分布图，求系统的单位冲激响应 $h(t)$ 和频率响应 $H(j\omega)$，并判断系统是否稳定。

（4）已知信号的拉普拉斯变换 $F(s) = \dfrac{(s+1)(s+3)}{s(s+2)(s+5)}$，请用 MATLAB 画出其三维曲面图，观察其图形特点，说出函数零极点位置与其对应曲面图的关系，并且求出它们所对应的原时间函数 $f(t)$。

（5）已知系统函数 $H(s) = \dfrac{2s}{s^2+\sqrt{2}s+1}$，求其频率特性。

四、实验报告要求

（1）简述实验目的及实验原理。

（2）根据实验原理中给出的例子，编写实验内容中的题目，所有题目中的信号时间范围自定义。写出程序清单、记录信号波形。

（3）根据要求给出分析结果。

（4）撰写实验总结（收获及体会）。

实验 5.4　离散信号与系统的时域分析

一、实验目的

(1) 掌握用 MATLAB 表示常用离散信号的方法。

(2) 掌握用 MATLAB 实现离散信号卷积的方法。

(3) 掌握用 MATLAB 求解离散系统的单位响应。

(4) 掌握用 MATLAB 求解离散系统的零状态响应。

二、实验原理

1. 离散信号的 MATLAB 表示

表示离散时间信号 $f(k)$ 需要两个行向量,一个是表示序号 $k=[\ ]$,一个是表示相应函数值 $f=[\ ]$,画图命令是 stem。

例 5-29　正弦序列信号。

正弦序列信号可直接调用 MATLAB 函数 cos,例如 $\cos(\omega k+\varphi)$,当 $2\pi/\omega$ 是整数或分数时,才是周期信号。画 $\cos(k\pi/8+\varphi)$,$\cos(2k)$ 的波形程序是:

```
k=0:40;
subplot(2,1,1)
stem(k,cos(k*pi/8),'filled')
title('cos(k*pi/8)')
subplot(2,1,2)
stem(k,cos(2*k),'filled')
title('cos(2*k)')
```

例 5-30　单位序列信号 $\delta(k)=\begin{cases}1 & k=0 \\ 0 & k\neq 0\end{cases}$。

本题先建立一个单位序列 $\delta(k+k_0)$ 的 m 函数文件,画图时调用 m 文件的建立方法为:file/new/m-file。在文件编辑窗输入程序,保存文件名用函数名。

程序如下:

```
function dwxulie(k1,k2,k0)% k1,k2 是画图时间范围,k0 是脉冲位置
k=k1:k2;
n=length(k);
f=zeros(1,n);
f(1,-k0-k1+1)=1;
stem(k,f,'filled')
```

axis([k1,k2,0,1.5])

title('单位序列 δ(k)')

保存文件名 dwxulie.m,画图时在命令窗口调用,例如:dwxulie(−5,5,0)。

例 5-31　单位阶跃序列信号 $u(k) = \begin{cases} 1 & k \geq 0 \\ 0 & k < 0 \end{cases}$。

本题也可先建立一个画单位阶跃序列 $u(k+k_0)$ 的 m 函数文件,画图时调用。

程序如下:

```
function jyxulie(k1,k2,k0)
k=k1:−k0−1;
kk=−k0:k2;
n=length(k);
nn=length(kk)
u=zeros(1,n);
uu=ones(1,nn);
stem(kk,uu,'filled')
hold on
stem(k,u,'filled')
hold off
title('单位阶跃序列')
axis([k1 k2 0 1.5])
```

保存文件名 jyxulie.m,画图时在命令窗口调用,例如:jyxulie(−3,8,0)。

例 5-32　实指数序列信号 $f(k) = ca^k$,c、a 是实数。

建立一个画实指数序列的 m 函数文件,画图时调用。

程序如下:

```
function dszsu(c,a,k1,k2)%c 为指数序列的幅度,a 为指数序列的底数,k1 为绘制序
                         列的起始序号,k2 为绘制序列的终止序号
k=k1:k2;
x=c*(a.^k);
stem(k,x,'filled')
hold on
plot([k1,k2],[0,0])
hold off
```

调用该函数画信号 $f_1(k) = (\frac{5}{4})^k \varepsilon(k)$,$f_2(k) = (\frac{-3}{4})^k \varepsilon(k)$ 的波形。

程序如下:

```
dszsu(1,5/4,0,40)
dszsu(1,−3/4,0,40)
```

2. 离散信号的卷积和

两个有限长序列 $f1$、$f2$ 卷积可调用 MATLAB 函数 conv,调用格式为:

f＝conv(f1,f2)％f 是卷积结果

时间序列可自编一个函数 dconv(计算出序列 f1 和序列 f2 的卷积和 f,同时计算出 f 所对应的序号向量 k,并画图)。

程序如下:

```
function [f,k]＝dconv(f1,f2,k1,k2)％ The function of compute f＝f1 * f2,f 为卷积
                                      和序列 f(k)对应的非零样值向量,k 为序列
                                      f(k)的对应序号向量,f1 为序列 f1(k)非零
                                      值向量,f2 为序列 f2(k)的非零样值向量,k1
                                      为序列 f1(k)的对应序号向量,k2 为序列 f2(k)
                                      的对应序号向量
f＝conv(f1,f2)％计算序列 f1 与 f2 的卷积和 f
k0＝k1(1)＋k2(1);％计算序列 f 非零样值的起点位置
k3＝length(f1)＋length(f2)－2;％计算卷积和 f 的非零样值的宽度
k＝k0:k0＋k3％确定卷积和 f 非零样值的序号向量
subplot(2,2,1)
stem(k1,f1)％在子图 1 绘制序列 f1(k)的波形图
title('f1(k)')
xlabel('k')
ylabel('f1(k)')
subplot(2,2,2)
stem(k2,f2)％在子图 2 绘制序列 f2(k)的波形图
title('f1(k)')
xlabel('k')
ylabel('f2(k)')
subplot(2,2,3)
stem(k,f);％在子图 3 绘制序列 f(k)的波形图
title('f(k)f1(k)与 f2(k)的卷积和 f(k)')
xlabel('k')
ylabel('f(k)')
h＝get(gca,'position');
h(3)＝2.5 * h(3);
set(gca,'position',h)％将第三个子图的横坐标范围扩为原来的 2.5 倍
```

例 5-33 已知两序列 $f_1(k)$ 和 $f_2(k)$,求卷积和。

$$f_1(k)＝\delta(k+1)+2\delta(k)+\delta(k-1)$$
$$f_2(k)＝\delta(k+2)+\delta(k+1)+\delta(k)+\delta(k-1)+\delta(k-2)$$

程序如下:

```
f1＝[1 2 1];
k1＝[-1 0 1];
f2＝ones(1,5);
```

```
k2=-2:2;
[f,k]=dconv(f1,f2,k1,k2)
```

由运行结果知，f 的长度等于 $f1$ 和 $f2$ 长度之和减 1，f 的起点是 $f1$ 和 $f2$ 的起点之和，f 的终点是 $f1$ 和 $f2$ 的终点之和。

3. 离散系统的单位响应

MATLAB 提供绘制系统的响应函数 impz，调用格式：

impz(b,a)％b 和 a 表示离散系统的行向量，按降幂排列的离散系统单位响应函数的时域波形

impz(b,a,n)％时间范围是 0~n(n 为整数)的时域波形

impz(b,a,n1,n2)％时间范围是 n1~n2 的离散系统单位响应函数的时域波形

例 5-34　已知 $y(k)-y(k-1)+0.9y(k-2)=f(k)$，求单位响应。

程序如下：

```
a=[1,-1,0.9];
b=[1];
impz(b,a)
impz(b,a,60)
impz(b,a,-10:40)
```

4. 离散系统的零状态响应

MATLAB 提供求离散系统零状态响应数值解函数 filter()，调用格式为：

filter(b,a,x)％b 和 a 表示离散系统的向量，x 是输入序列非零样值点行向量，输出向量序号同 x 一样

例 5-35　已知 $y(k)-0.25y(k-1)+0.5y(k-2)=f(k)+f(k-1)$，$f(k)=(\frac{1}{2})^k \varepsilon(k)$。求零状态响应，范围 0~20。

程序如下：

```
a=[1 -0.25 0.5];b=[1 1];
t=0:20;
x=(1/2).^t;
y=filter(b,a,x)
subplot(2,1,1)
stem(t,x)
title('输入序列')
subplot(2,1,2)
stem(t,y)
title('响应序列')
```

四、实验内容

(1) 绘制移位的单位序列 $\delta(t-3)$，$u(k+3)$ 的波形。

(2) 已知 $2y(k)-2y(k-1)+y(k-2)=f(k)+3f(k-1)+2f(k-2)$，画单位响应

波形。

（3）已知 $y(k)+y(k-1)+0.25y(k-2)=f(k)$，输入 $f(t)=\varepsilon(k)$，画输出波形，范围为 $0\sim15$。

（4）已知线性时不变系统的单位样值响应 $h(n)$ 以及输入 $x(n)$，求输出 $y(n)$。

$$h(n)=\delta(n)+3(n-1)+2\delta(n-2),x(n)=\delta(n)-\delta(n-2)$$

五、实验报告要求

（1）简述实验目的及实验原理。

（2）根据实验原理中给出的例子，编写实验内容中的 4 个题目，所有题目中的信号时间范围自定义；写出程序清单、记录信号波形。

（3）根据要求给出分析结果。

（4）撰写实验总结（收获及体会）。

第 6 章

MATLAB 在数字信号
处理的应用

实验 6.1　离散时间信号的产生与计算实验

一、实验目的

（1）掌握用 MATLAB 在时域中产生一些基本的离散时间信号，并对这些信号进行一些基本的运算。

（2）掌握使用基本的 MATLAB 命令，并将它们应用到简单的数字信号处理问题中。

二、实验原理

1. 时域离散信号的概念

在 MATLAB 中，时域的离散信号可以通过编写程序直接生成，也可以通过对连续信号等间隔抽样获得。离散序列的时域运算主要为信号的相加和相乘，信号的时域变换包括移位、反转及尺度变换。

2. 用 MATLAB 生成离散信号需注意的问题

（1）有关数组与下标。

MATLAB 中处理的数组，其下标默认从 1 开始递增，例如 $x=[9\ 8\ 7]$，表示 $x(1)=9$；$x(2)=8$；$x(3)=7$。要表示一个下标不从 1 开始的数组，一般需要采用两个矢量，如：$n=[-3:1:2]$，$x=[9\ 8\ 7\ 6\ 5\ 4]$，则有 $x(-3)=9$；$x(-2)=8$；$x(2)=4$。

（2）信号的图形绘制。

从本质上来讲，MATLAB 及其任何计算机语言处理的信号都是离散信号。当把信号的样点值取得足够密，作图时采用特殊的命令，就可以把信号近似看成连续信号。

在 MATLAB 中，离散信号与连续信号有时在程序编写上是一致的，只是在作图时选择不同的绘图函数而已。

连续信号作图用 plot 函数，绘制线形图；离散信号作图使用 stem 函数，绘制脉冲图。

3. 常用时域离散信号

常用时域离散信号有单位脉冲序列、单位阶跃序列、实指数序列、复指数序列、正弦序列、矩形序列以及随机序列等。下面以单位脉冲序列的产生为例做详细说明，其他函数类似。

（1）用 MATLAB 的关系运算式来产生单位脉冲序列。

$$\delta(n)=\begin{cases}1 & n=0\\ 0 & n\neq 0\end{cases},\quad \delta(n-k)=\begin{cases}1 & n=k\\ 0 & n\neq k\end{cases}$$

程序如下：

```
n1=-5;n2=5;n0=0;%显示范围从 n1 到 n2
n=n1:n2;%横坐标
```

x＝[n＝＝n0]；％生成离散信号 x(n)，n＝0 返回值为 1

stem(n,x,'filled')；％绘制图形，且圆点处用实心圆表示，field 小圆点

xlabel('Time index n')；ylabel('Amplitude')；

title('Unit Sample Sequence')；

（2）用 zeros 函数和抽样点直接赋值产生单位脉冲序列，程序如下：

n1＝－5；n2＝5；n0＝0；％显示范围从 n1 到 n2

n＝n1：n2；％横坐标

nt＝length(n)；％序列的长度

x＝zeros(1,nt)；％先产生全零的序列，对应－5 到 5

x(n0－n1＋1)＝1；％将 n＝0 处的序列值赋值为 1，n＝0 就是第（n0－n1＋1）个值

stem(n,x,'filled')；％绘制图形，且圆点处用实心圆表示

（3）若用函数来实现，需要在 m 文件里面完成，函数名为 impseq$(n0,n1,n2)$（三个入口参数），程序如下：

function x＝impseq(n0,n1,n2)；％fun 函数引导词

n＝n1：n2；

x＝[n＝＝n0]；

stem(n,x,'filled')；

（4）单位阶跃序列可以用关系运算＞＝或 zeros 和 ones 产生；正余弦用 sin 或 cos 产生；随机信号用 rand 函数产生。

（5）指数信号。另一种基本的离散时间序列是指数序列。此序列可使用 MATLAB 运算符". ^"和"exp"产生。下面给出的程序 P1_2，可用来生成一个复数值的指数序列：

clf；

c＝－(1/12)＋(pi/6)＊i；

K＝2；

n＝0：40；

x＝K＊exp(c＊n)；

subplot(2,1,1)；

stem(n,real(x))；

xlabel('Time index n')；ylabel('Amplitude')；

title('Real part')；

subplot(2,1,2)；

stem(n,imag(x))；

xlabel('Time index n')；ylabel('Amplitude')；

title('Imaginary part')；

下面给出的程序 P1_3，可用于生成一个实数值的指数序列：

％％ Program P1_3

％％ Generation of a real exponential sequence

clf；

n＝0：35；a＝1.2；K＝0.2；

```
x＝K * a.^n;
stem(n,x);
xlabel('Time index n');ylabel('Amplitude');
```

（6）正弦序列。本例产生另一种非常有用的实正弦序列,这样的正弦序列在 MATLAB 中可使用三角运算符 cos 和 sin 产生。程序 P1_4 是产生一个正弦信号的简单示例:

```
%% Program P1_4
n＝0:40;
f＝0.1;
phase＝0;
A＝1.5;
arg＝2 * pi * f * n － phase;
x＝A * cos(arg);
clf;%清除当前图像窗口
stem(n,x);
axis([0 40 －2 2]);
grid on;
title('Sinusoidal Sequence');
xlabel('Time index n');
ylabel('Amplitude');
axis on;
```

4. 常用时域离散信号的运算

以 $x(n)＝\delta(n-2)+\delta(n-4)$,$0\leqslant n\leqslant 10$ 为例,程序如下:

```
n1＝0; n2＝10; n01＝2;n02＝4%显示范围从 n1 到 n2,非零值位于 2 和 4
n＝n1:n2;%横坐标,写 n＝n1:1:n2 也是一样的意思
x1＝[(n－n01)＝＝0];%生成离散信号
x2＝[(n－n02)＝＝0];%生成离散信号
x3＝x1+x2;
subplot(3,1,1); stem(n,x1,'filled');%绘制图形,x1 子图,且圆点处用实心圆表示
subplot(3,1,2); stem(n,x2,'filled');%绘制图形,x2 子图,且圆点处用实心圆表示
subplot(3,1,3); stem(n,x3,'filled');%绘制图形,x3 子图,且圆点处用实心圆表示
```

三、实验内容

（1）在 MATLAB 中实现 $\delta(n-n_0)$ 序列,显示范围 $n_1\leqslant n\leqslant n_2$[函数命名为 impseq($n0,n1,n2$)];并利用该函数实现序列 $\delta(n+n_0)$。

（2）在 MATLAB 中实现 $u(n-n_0)$ 序列,显示范围 $n_1\leqslant n\leqslant n_2$[函数命名为 stepseq($n0,n1,n2$)];并利用该函数实现序列 $y(n)＝u(n+2)+u(n-2)$,$-5\leqslant n\leqslant 20$。

（3）在 MATLAB 中利用数组运算符“.”来实现一个实指数序列,例如:$x(n)＝(0.3)^n$,$0\leqslant n\leqslant 50$。

（4）在 MATLAB 中用函数 sin 或 cos 产生正余弦序列，例如：$x(n)=11\sin(0.3\pi n+\frac{\pi}{5})+5\cos(0.3\pi n)$，$0\leqslant n\leqslant 20$。请用 plot 函数画出连续波形，用 stem 函数画出离散波形。

（5）已知 $x(n)=3\cos\frac{2\pi n}{10}$，试显示 $x(n)$、$x(n-3)$、$x(n+3)$ 在 $0\leqslant n\leqslant 20$ 区间的波形。

（6）参加运算的两个序列维数不同，已知 $x_1(n)=u(n+2)$，$-4\leqslant n\leqslant 6$；$x_2(n)=u(n-4)$，$-5\leqslant n\leqslant 8$，求 $x(n)=x_1(n)+x_2(n)$。

四、思考题

（1）运行程序 P1_4，以产生正弦序列并显示它。该序列的频率是多少？怎样可以改变它？哪个参数控制该序列的相位？哪个参数控制该序列的振幅？该序列的周期是多少？该序列的长度是多少？怎样可以改变它？

（2）编写一个 MATLAB 程序，以产生并显示一个长度为 100 的随机信号，该信号在区间 [−2,2] 中均匀分布。

五、实验报告要求

（1）在实验报告中简述实验目的和实验原理要点。

（2）总结实验中的主要结论。

（3）回答思考题。

实验 6.2　系统稳定性及零极点分析

一、实验目的

（1）熟悉系统响应的求取方法。

（2）分析、观察及检测系统的稳定性。

二、实验原理

1. 线性时不变系统的稳定性

若一个线性时不变离散时间系统的冲激响应是绝对可和的，则该系统就是有界输入产生有界输出（BIBO）的稳定系统。因此可知，无限冲激响应线性时不变系统稳定的一个必要条件是，随着样本的增加，冲激响应衰减到零。程序 P3_1 给出的 MATLAB 程序，计算了一个因果 IIR 线性时不变系统的冲激响应的绝对值的和。它计算了冲激响应序列的 n 个样本，计算持续增加的 K 值的表达式为：

$$S(K) = \sum_{n=0}^{K} |h[n]|$$

在每一次迭代中检查 $|h(K)|$ 的值。若 $|h(K)|$ 的值小于 10^{-6}，可认为上式中的 $S(K)$ 已经收敛并且非常接近于 $S(\infty)$。

程序如下：

```
%% Program P3_1
%% Stability test based on the sum of the absolute
%% values of the impulse response samples
clf;
num=[1 −0.8];den=[1 1.5 0.9];
N=200;
h=impz(num,den,N+1);
parsum=0;
for k=1:N+1;
  parsum=parsum+abs(h(k));
  if abs(h(k))<10^(−6),break,end
end
% Plot the impulse response
n=0:N;
stem(n,h)
```

```
xlabel('Time index n');ylabel('Amplitude');
% Print the value of abs(h(k))
disp('Value =');disp(abs(h(k)));
```

2. z 平面判断

在系统的输入端加入单位阶跃序列,如果系统的输出趋近一个常数(包括零),就可以断定系统是稳定的。系统的稳态输出是指当 $n \to \infty$ 时,系统的输出。如果系统稳定,信号加入系统后,系统输出的开始一段称为暂态效应,随着 n 的加大,幅度趋于稳定,达到稳态输出。

(1) 假设系统函数如下式:

$$H(z) = \frac{(z+9)(z+3)}{3z^4 - 3.98z^3 + 1.17z^2 + 2.341\,8z - 1.514\,7}$$

试用 MATLAB 语言判断系统的稳定性。

程序如下:

```
A=[3 -3.98 1.17 2.3418 -1.5147];
p=roots(A);
pm=abs(p);
if max(pm)<1
    disp('稳定')
else
disp('不稳定')
end
```

(2) 假设系统函数如下式:

$$H(z) = \frac{z^2 + 5z - 50}{2z^4 - 2.98z^3 + 0.17z^2 + 2.341\,8z - 1.514\,7}$$

① 画出极点、零点分布图,并判断系统的稳定性。

② 求出输入单位阶跃序列 $u(n)$,并检查系统是否稳定。

①的程序如下:

```
A=[2 -2.98 0.17 2.3418 -1.5147];
B=[0 0 1 5 -50];
subplot(2,1,1)
zplane(B,A);
p=roots(A);
pm=abs(p);
if max(pm)<1
    disp('稳定')
else
    disp('不稳定')
end
```

②的程序如下

```
un=ones(1,700);
```

```
sn＝filter(B,A,un);
n＝0:length(sn)－1;
subplot(2,1,2)
plot(n,sn)
xlabel('n')
ylabel('sn')
```

分布图如图 6-1 所示。

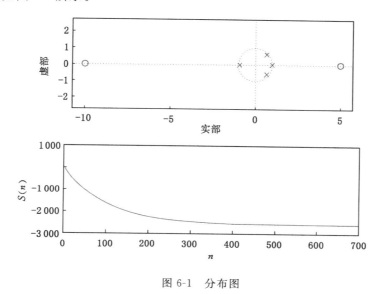

图 6-1　分布图

三、实验内容

（1）线性时不变系统的差分方程：

$$y[n]-0.5y[n-1]+0.25y[n-2]=x[n]+2x[n-1]+0.27x[n-2]+x[n-3]$$

① 确定系统的稳定性；

② 画出当 $0 \leqslant n \leqslant 100$ 时系统的冲激响应，并确定冲激响应的稳定性。

（2）下面 4 个二阶网络的系统函数具有一样的极点分布：

$$H_1(z)=\frac{1}{1-1.6z^{-1}+0.942\,5z^{-2}}$$

$$H_2(z)=\frac{1-0.3z^{-1}}{1-1.6z^{-1}+0.942\,5z^{-2}}$$

$$H_3(z)=\frac{1-0.8z^{-1}}{1-1.6z^{-1}+0.942\,5z^{-2}}$$

$$H_4(z)=\frac{1-1.6z^{-1}+0.8z^{-2}}{1-1.6z^{-1}+0.942\,5z^{-2}}$$

试用 MATLAB 语言研究零点分布对于单位脉冲响应的影响，要求：

① 分别画出系统的零极点分布；

② 分别求出各系统的单位脉冲相应，并画出其波形；

③ 分析零点分布对于单位脉冲响应的影响。

四、预习要求

（1）熟悉系统响应的求解方法；

（2）根据实验原理中给出的例子，编写实验内容中的 2 个题目。

五、思考题

给定一谐振器的差分方程为：

$$Y(n) = 1.823\ 7y(n-1) - 0.980\ 1y(n-2) + ax(n) + ax(n-2)$$

$$a = 1/100.49$$

用实验方法检查系统是否稳定，输入信号为 $u(n)$ 时，画出系统波形；当给定输入信号为 $x(n) = \sin(0.014n) + \sin(0.4n)$，求出系统的输出响应，并画出波形。

六、实验报告要求

（1）简述实验目的及实验原理。

（2）抄写实验内容，写出程序清单、记录信号波形。

（3）根据要求给出分析结果。

（4）撰写实验总结（收获及体会）。

实验 6.3 离散傅里叶变换及反变换

一、实验目的

(1) 能够熟练掌握快速离散傅里叶变换(FFT)的原理。

(2) 能够熟练掌握利用 FFT 进行频谱分析的基本方法。

(3) 在计算机上用软件实现 FFT 及信号的频谱分析。

二、实验原理

1. 快速算法

MATLAB 中计算序列的离散傅里叶变换(DFT)和逆变换(IDFT)是采用快速算法,利用 fft 和 ifft 函数实现。函数 fft 用来求序列的 DFT,调用格式为:

Y=fft(X)

如果 X 是向量,则采用傅里叶变换来求解 X 的离散傅里叶变换;如果 X 是矩阵,则计算该矩阵每一列的离散傅里叶变换;如果 X 是 $N \times D$ 维数组,则是对第一个非单元素的维进行离散傅里叶变换。

Y=fft(X,N)

N 是进行离散傅里叶变换的 X 的数据长度,可以通过对 X 进行补零或截取来实现。

Y=fft(X,[],dim) 或 Y=fft(X,N,dim)

在参数 dim 指定的维上进行离散傅里叶变换;当 X 为矩阵时,dim 用来指定变换的实施方向:dim=1,表明变换按列进行;dim=2,表明变换按行进行。

函数 ifft 用来求 IDFT,其参数应用与函数 fft 完全相同。

例 6-1 已知序列 $x(n)=2\sin(0.48\pi n)+\cos(0.52\pi n)$,$0 \leqslant n \leqslant 100$,试绘制 $x(n)$ 及它的离散傅里叶变换 $|X(k)|$ 图。

MATLAB 实现程序如下:

```
clear all
N=100;
n=0:N-1;
xn=2 * sin(0.48 * pi * n)+cos(0.52 * pi * n);
XK=fft(xn,N);
magXK=abs(XK);
phaXK=angle(XK);
subplot(1,2,1)
plot(n,xn)
```

```
xlabel('n');ylabel('x(n)');
title('x(n) N＝100');
subplot(1,2,2)
k=0:length(magXK)－1;
stem(k,magXK,'.');
xlabel('k');ylabel('|X(k)|');
title('X(k) N＝100');
```

运行结果如图 6-2 所示。

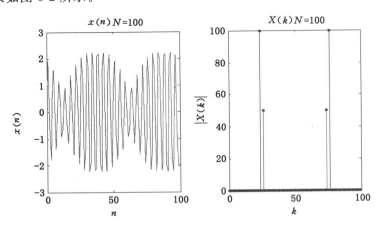

图 6-2　序列 $x(n)$ 及利用 FFT 求解的相应频谱

2. 圆周移位

一个有限长序列 $x(n)$ 的圆周移位定义为 $x_m＝x[n+m]_N R_N(n)$，式中：$x[n+m]_N$ 表示 $x(n)$ 的周期延拓序列 $\bar{x}(n)$ 的移位 $x[n+m]_N＝\bar{x}(n+m)$，有限长序列圆周移位后的 DFT 为 $X_m(k)＝\text{DFT}\{x_m[(n+m)]_N R_N(n)\}＝W_N^{-kn} X(k)$。

例 6-2　求有限长序列 $x(n)＝8(0.4)^n, 0 \leqslant n \leqslant 20$ 的圆周移位 $x_m(n)＝x[(n+10)]_{20} \cdot R_{20}(n)$，并画出其结果图。

程序如下：

```
N=20;
m=10;
n=0:1:N－1;
x=8*(0.4).^n;
n1=mod((n+m),N);
xm=x(n1+1);
subplot(2,1,1)
stem(n,x);
title('原始序列');
xlabel('n');
ylabel('x(n)');
```

```
subplot(2,1,2)
stem(n,xm);
title('圆周移位序列');
xlabel('n');
ylabel('x((n+10))mod20');
```
结果图如图 6-3 所示。

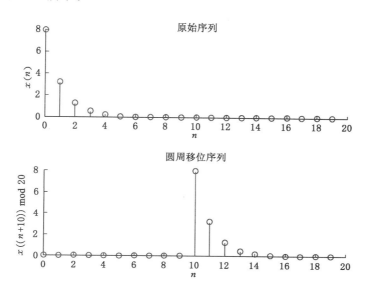

图 6-3　有限长序列的圆周移位结果图

3. 圆周卷积

假设 $Y(k)=X_1(k)X_2(k)$，则有：

$$Y(n)=\text{IDFT}[Y(k)]=\Big[\sum_{m=0}^{N-1}x_1(m)x_2(n-m)_N\Big]R_N(n)=\Big[\sum_{m=0}^{N-1}x_2(m)x_1(n-m)_N\Big]R_N(n)$$

用 $\otimes$ 表示圆周卷积，则上式可化简为：

$$y(n)=\text{IDFT}[X_1(k)X_2(k)]=x_1(n)\otimes x_2(n)=x_2(n)\otimes x_1(n)$$

已知 $x_1(n)=\{1,2,3\}$，长度 $N_1=3$，$x_2(n)=\{4,3,2,1\}$，长度 $N_2=4$。

(1) 计算两序列的线性卷积，实验代码如下：

```
xn1=[1,2,3];
xn2=[4,3,2];
yn=conv(xn1,xn2);
stem(yn);
xlabel('序列长度');
ylabel('yn=xn1 * xn2');
title('线性卷积');
```

(2) 分别计算两序列的 4,5,6,7,8 点圆周卷积（$N\geqslant N_1+N_2-1$ 时，圆周卷积等于线性卷积），调用格式如下：

```
function fn＝circonvt(x1,x2,N)％circonvt 函数实现输入序列 x1 和 x2 的循环卷积,
                                     fn 为输出序列,N 为循环卷积长度,实现方法为 fn＝
                                     sum(x1(m) * x2((n－m) mod N))
if (length(x1)＞N|length(x2)＞N)％判断输入信号的长度
error('N 的长度必须大于输入数据的长度');
end
x1＝[x1,zeros(1,N－length(x1))];
x2＝[x2,zeros(1,N－length(x2))];
m＝0:N－1;
x＝zeros(N,N);
for n＝0:N－1;
    x(:,n＋1)＝x2(mod((n－m),N)＋1)';
end;
fn＝x1 * x;％循环计算卷积
```

编写的实验代码如下:

```
xn1＝[1,2,3];
xn2＝[4,3,2,1];
yn1＝circonv(xn1,xn2,4);
subplot(2,3,1)
stem(yn1);
xlabel('n1＝4');
ylabel('yn1');
yn2＝circonv(xn1,xn2,5);
subplot(2,3,2)
stem(yn2);
xlabel('n2＝5');
ylabel('yn2');
yn3＝circonv(xn1,xn2,6);
subplot(2,3,3)
stem(yn3);
xlabel('n3＝6');
ylabel('yn3');
yn4＝circonv(xn1,xn2,7);
subplot(2,3,4)
stem(yn4);
xlabel('n4＝7');
ylabel('yn4');
yn5＝circonv(xn1,xn2,8);
subplot(2,3,5)
```

```
stem(yn5);
xlabel('n5＝8');
ylabel('yn5');
```

三、实验内容

（1）通过程序，可选择下面列出的序列中的 3～4 种，并取 N 为不同的 2 的幂次方的情况进行实验作出 $|V(k)|$ 的曲线。

本题有 6 种输入序列，如下：

① 实指数序列：$(1.08)^n$；

② 复指数序列：$3(0.9＋j0.3)^n$；

③ 周期为 N 的正弦序列：$\sin(\frac{2\pi}{N}n)$，且 $0 \leqslant n \leqslant N-1$；

④ 周期为 N 的余弦序列：$\cos(\frac{2\pi}{N}n)$，且 $0 \leqslant n \leqslant N-1$；

⑤ 复合函数列：$0.9\sin(\frac{2\pi}{N}n)＋0.6\sin(\frac{2\pi}{N/3}n)$；

⑥ 矩形序列：$R_N(n)$。

（2）设 $x(n)＝[1,2,3,4,5]$，求 $x((n-3))_5 R_5(5)$ 及 $x((n+3))_6 R_6(5)$。

（3）已知序列 $x_1(n)＝[1,2,3,4,5,6]$，$x_2(n)＝[1,2,3,3,2,1]$。画出序列 $Z＝2\times x_1(k)＋6\times x_2(k)$ 的幅度谱，$x_1(n)$ 和 $x_2(n)$ 的线性卷积，并计算两序列的 9、10、11、12 点的圆周卷积。

四、实验报告要求

（1）在实验报告中简述实验目的和实验原理要点。

（2）总结实验中的主要结论。

第 7 章

MATLAB 在电力系统自动化方面的应用

实验 7.1　励磁控制系统仿真实验

一、实验目的

（1）熟悉 MATLAB/Simulink 的集成环境，了解各窗体和模块的功能和使用方法。
（2）熟练使用 MATLAB/Simulink 的帮助系统。
（3）熟练掌握线性自动电压调节器（AVR）系统建模和仿真方法。
（4）了解速度反馈稳定器对 AVR 的影响。

二、实验原理

图 7-1 所示为时域特性曲线，图 7-2 所示为强行励磁时的响应曲线。

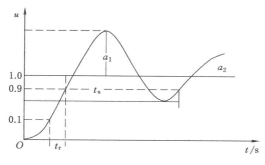

图 7-1　时域特性曲线

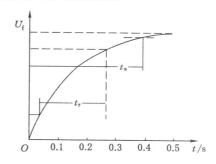

图 7-2　强行励磁时的响应曲线

图 7-1 中，过调量 a_1（标幺值）是响应曲线超过稳态响应的最大值；上升时间 t_r 是响应曲线自 10% 稳态响应值上升到 90% 稳态响应值时所需的时间；稳定时间 t_s 是对应一个阶跃函数的响应时间。

在 t_s 以后响应曲线的值如下：

$$\frac{C(s)}{R(s)} = \frac{K}{s^2 + 2\zeta\omega_n s + \omega_n^2}$$

其中，阻尼比 ζ 与 a_1 和 a_2 有关。当 $\zeta=0$ 时，励磁系统是稳定的；当 $\zeta=0.7$ 时，只有很小的过调量（约 0.5%）；当 $\zeta=1.0$ 时，临界阻尼。

要改善励磁系统的稳定性，必须改变发电机极点与励磁机极点间根轨迹的射出角，使之只处于虚轴的左半平面。必须增加开环函数的零点，使渐近线平行于虚轴并处于左半平面。

可在发电机转子电压 u_E 处增加一条电压速率负反馈回路，典型补偿系统框图如图 7-3 所示。

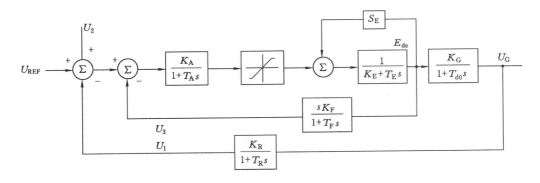

图 7-3　典型补偿系统框图

三、实验内容

1. 发电单元的简化线性 AVR 系统

发电单元的简化线性 AVR 系统如图 7-4 所示。

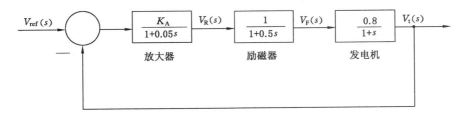

图 7-4　发电单元的简化线性 AVR 系统

（1）用 rlocus( )函数求出根轨迹并记录仿真结果。

（2）在 Simulink 中建立仿真框图，求出阶跃响应。

（3）放大器增益 $K_A=40$。求系统的闭环传递函数，并用 MATLAB 求阶跃响应，记录仿真结果。

2. 带速度反馈的 AVR 系统

把一个速度反馈稳定器增加到图 7-4 的 AVR 系统，如图 7-5 所示。稳定器时间常数为 $\tau_F=0.04$ s，微分增益调整到 $K_F=0.1$。

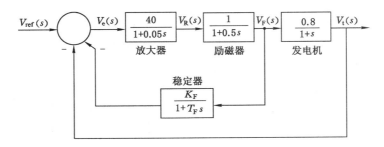

图 7-5　带速度反馈的 AVR 系统

（1）求系统的闭环传递函数并用 MATLAB 求阶跃响应，记录仿真结果。

（2）建立 Simulink 仿真模型，并求阶跃响应，记录仿真结果。

3. 带 PID 控制器的 AVR 系统

在图 7-4 的 AVR 系统前向通路中加入 PID 控制器，如图 7-6 所示。设置比例增益 $K_p = 2$，调整 K_i 和 K_d，以获得具有最小超调量和较小的稳定时间的阶跃响应（建议值 $K_p = 1，K_i = 0.15，K_d = 0.17$）。

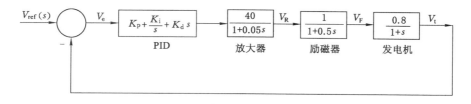

图 7-6　带 PID 控制器的 AVR 系统

（1）求系统的闭环传递函数并用 MATLAB 求阶跃响应，记录仿真结果。

（2）建立 Simulink 仿真模型，并求阶跃响应，记录仿真结果。

四、思考题

（1）利用劳斯判据，求出使发电单元的简化线性 AVR 系统（图 7-4）控制系统稳定的 K_A 的取值范围。

（2）励磁控制系统的任务有哪些？

（3）对励磁系统的基本要求有哪些？

五、实验报告要求

（1）简述实验目的及实验原理。

（2）抄写实验内容，写出程序清单、仿真模型图、记录仿真结果。

（3）根据要求给出分析结果。

（4）完成思考题。

实验 7.2　功率频率控制系统的模型与仿真实验

一、实验目的

（1）熟悉 MATLAB/Simulink 的集成环境，了解各窗体和模块的功能和使用方法。

（2）熟练使用 MATLAB/Simulink 的帮助系统。

（3）熟练掌握负荷频率控制（LFC）建模和仿真方法。

（4）熟练掌握自动发电控制（AGC）建模和仿真方法。

二、实验原理

在一个互联系统中，如果有两个或两个以上的独立控制的区域，除了频率控制，每个区域的发电量也必须控制以便于维持区域间预定的功率交换。发电量和频率的控制通常称之为负荷频率控制（LFC）。

孤立发电机的负荷频率控制框图如图 7-7 所示，负荷变化量 $-\Delta P_\mathrm{L}(s)$ 作为输入，频率的偏差 $\Delta\Omega(s)$ 作为输出，它的开环传递函数为：

$$KG(s)H(s)=\frac{1}{R}\frac{1}{(2Hs+D)(1+t_\mathrm{g}s)(1+t_\mathrm{T}s)}$$

联系负荷变化量和频率偏差的闭环传递函数为

$$\frac{DW(s)}{-P_\mathrm{L}(s)}=\frac{(1+t_\mathrm{g}s)(1+t_\mathrm{T}s)}{(2Hs+D)(1+t_\mathrm{g}s)(1+t_\mathrm{T}s)+1/R}$$

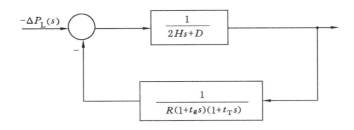

图 7-7　孤立发电机的负荷频率控制框图

自动发电控制（AGC）是现代电网控制的一项基本和重要功能，AGC 系统是由调度端、发电厂端发电机组及自动化设备和远动通道构成的一个整体。它是以控制调整发电机组输出功率来适应负荷波动的反馈控制。AGC 需使全系统的发电机输出功率和总负荷功率相匹配，将电力系统的频率偏差调整控制到零，保持系统频率为额定值；控制区域间联络线的交换功率与计划值相等，以实现各个区域内有功功率和负荷功率的平衡。在区域网内各发电厂之间进行负荷的经济分配。

三、实验内容

（1）一个具有 LFC 系统的孤立发电站有以下参数：汽轮机时间常数 $t_T=0.5$ s；调速器时间常数 $t_g=0.25$ s；发电机惯性常数 $H=8$ s；调差系数为 R（标幺值）；频率变化为 1%时，负荷变化率为 1.6%，即 $\delta=1.6$。

① 用 MATLAB 中 rlocus 函数绘制根轨迹并记录仿真结果。

② 调差系数设定为 $R=0.04$ p.u.，汽轮机在额定频率 60 Hz 下的额定输出功率为 200 MW，负荷突然增长 50 MW（$\Delta P_L=0.25$ p.u.）。求稳态频率偏差，闭环传递函数并用 MATLAB 求频率偏差阶跃响应，记录仿真结果。

③ 在 Simulink 中建立仿真框图，求出阶跃响应。

（2）在上题的 LFC 系统中，为自动发电控制增加二次积分控制环，如图 7-8 所示。

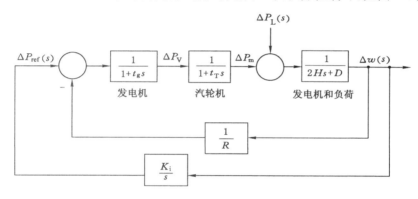

图 7-8　增加二次积分控制环的 LFC 系统

① 在 MATLAB 中利用函数 step 来求负荷突然变化 $\Delta P_L=0.25$ p.u.（标幺值）时的频率偏差阶跃响应，记录仿真结果。积分控制增益为 $K_i=9$。

② 在 Simulink 中建立仿真框图，求①中的频率偏差阶跃响应，记录仿真结果。

四、思考题

电力系统中 AGC 的任务是什么？

五、实验报告要求

（1）简述实验目的及实验原理。

（2）抄写实验内容，写出程序清单、仿真模型图、记录仿真结果。

（3）根据要求给出分析结果。

（4）完成思考题。

实验 7.3　多区域系统的 LFC 仿真与分析

一、实验目的

（1）熟悉 MATLAB/Simulink 的集成环境，了解各窗体和模块的功能和使用方法。

（2）熟练使用 MATLAB/Simulink 的帮助系统。

（3）熟练掌握多区域系统的 LFC 建模和仿真方法。

（4）熟练掌握联络线偏差控制（多区域系统的 AGC）建模和仿真方法。

（5）熟练掌握包括励磁系统的 AGC 建模和仿真方法。

二、实验原理

通过两个区域的 LFC 来理解多区域系统的 LFC，考虑两个等效的发电机代表两区域系统，通过无损线连接，无损线电抗为 X_{tie}。每一个发电区域用一个电压源和一个电抗表示，如图 7-9 所示。

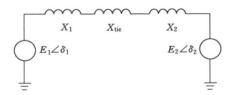

图 7-9　两区域 LFC 示意图

正常运行时，联络线传输的功率为：

$$P_{12} = \frac{\mid E_1 \mid \mid E_2 \mid}{X_{12}} \sin \delta_{12}$$

其中，$X_{12} = X_1 + X_{\text{tie}} + X_2, \delta_{12} = \delta_1 - \delta_2$。

在联络线额定功率处将上述方程线性化，得：

$$D_{P_{12}} = \frac{\mathrm{d} P_{12}}{\mathrm{d} \delta_{12}} \bigg|_{\delta_{12_0}} D \delta_{12} = P_{\text{S}} D_{\delta_{12}}$$

其中，P_{S} 是功角曲线在初识运行角 $\delta_{12_0} = \delta_{1_0} - \delta_{2_0}$ 处的斜率，定义它为同步功率系数，因此有：

$$P_{\text{S}} = \frac{\mathrm{d} P_{12}}{\mathrm{d} \delta_{12}} \bigg|_{\delta_{12_0}} = \frac{\mid E_1 \mid \mid E_2 \mid}{X_{12}} \cos D_{\delta_{12_0}}$$

联络线功率偏差可以写为：

$$D_{P_{12}} = P_{12} (D_{\delta_1} - D_{\delta_2})$$

图 7-10 代表两区域系统的框图，LFC 只含有一个主回路。

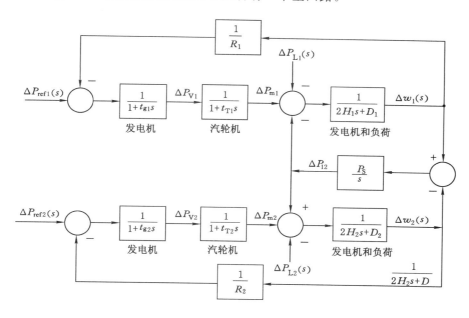

图 7-10　两区域系统的框图

假设区域 1 存在负荷变化，达到最终稳态时，两区域有相同的频率偏差：$D_w = D_{w_1} = D_{w_2}$、$D_{P_{m1}} - D_{P_{12}} - D_{P_{L1}} = D_w D_1$ 和 $D_{P_{m2}} + D_{P_{12}} = D_w D_2$。

调速器决定的机械功率的变化为：

$$D_w = \frac{-D P_{L1}}{(\frac{1}{R} + D_1) + (\frac{1}{R_2} + D_2)} = \frac{-D P_{L1}}{B_1 + B_2}$$

其中，$B_1 = \frac{1}{R_1} + D_1$，$B_2 = \frac{1}{R_2} + D_2$。

联络线功率的变化量为：

$$D_{P_{12}} = \frac{(\frac{1}{R_2} + D_2) D_{P_{L1}}}{(\frac{1}{R_1} + D_1) + (\frac{1}{R_2} + D_2)} = \frac{B_2}{B_1 + B_2}(-D_{P_{L1}})$$

三、实验内容

（1）两区域系统通过一联络线连接，参数如表 7-1 所示。

表 7-1　参数表

区域号	1	2
调差系数	$R_1 = 0.05$	$R_2 = 0.062\ 5$
负荷 D 系数	$D_1 = 0.6$	$D_2 = 0.9$

表 7-1(续)

区域号	1	2
惯性常数	$H_1 = 5$	$H_2 = 4$
基准功率	1 000 MV·A	1 000 MV·A
调速器时间常数	$t_{g1} = 0.2$ s	$t_{g2} = 0.3$ s
汽轮机时间常数	$t_{T1} = 0.5$ s	$t_{T2} = 0.6$ s

两个区域的额定频率为 60 Hz。同步功率系数标幺值可以由初始条件计算出,即 $P_S = 0.2$ p.u.。现区域 1 增加负荷 187.5 MW。

① 在 Simulink 中建立仿真框图,求出频率偏差响应和功率响应,并记录仿真结果。

② 两个发电区域的负荷同时发生变化,变化量分别为 200 MW 和 150 MW。调整 Simulink 仿真框图,求频率偏差阶跃响应和功率偏差阶跃响应,并记录仿真结果。

(2) 用区域控制误差(ACEs)建立上题中两区域系统的仿真框图。并求每个区域的频率和功率响应,记录仿真结果。

(3) 孤立的发电站参数如下:当频率变化为 1% 时负荷变化为 0.8%,即 $\delta = 0.8$。假定同步功率因数 $P_S = 1.5$,电压系数为 $K_6 = 0.5$,并且耦合常数 $K_2 = 0.2$、$K_4 = 1.4$、$K_5 = -0.1$。建立混合 Simulink 仿真框图,并求当负荷标幺值变化 $\Delta P_{L1} = 0.25$ p.u.时的频率偏差和机端电压响应(取 $P = 1.2, I = 0.5, D = 0.3$)。

四、思考题

(1) 电力系统低频运行的危害是什么?
(2) 试求实验内容(1)中新的稳态频率和联络线潮流。

五、实验报告要求

(1) 简述实验目的及实验原理;
(2) 抄写实验内容,写出程序清单、仿真模型图、记录仿真结果;
(3) 根据要求给出分析结果;
(4) 完成思考题。

第 8 章

MATLAB 在控制电机方面的应用

实验 8.1　感应电动机转差型矢量控制伺服系统实验

一、实验目的

（1）熟练掌握交流伺服控制系统工作原理。

（2）熟练掌握感应电动机转差型矢量控制伺服系统原理。

（3）熟悉 MATLAB/Simulink 的集成环境。

（4）了解各窗体和模块的功能和使用方法。

二、实验原理

交流电动机动态控制需要建立电动机的动态数学模型，Simulink 中的交流电动机模型就是建立在矢量坐标变换基础上的动态模型，在矢量控制系统中坐标变换和磁链观察都是矢量控制系统的重要方面。感应电动机转差型矢量控制伺服系统框图如图 8-1 所示。

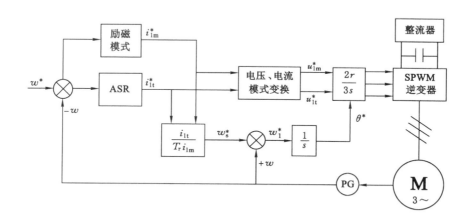

图 8-1　感应电动机转差型矢量控制伺服系统框图

三、实验内容

（1）根据图 8-1 建立感应电动机转差型矢量控制伺服系统 Simulink 模型图。仿真模型参数如表 8-1 所示。

表 8-1　仿真模型参数

模型	参数
电动机	参考系(静止),$P_n = 3 \times 746$ V·A,$V_{rms} = 220$ V,$f = 50$ Hz,磁极对数 $p = 2$,$R_s = 0.435$ Ω,$L_{1s} = 0.004$ H,$R_r = 0.816$ Ω,$L_{1r} = 0.004$ H,$L_m = 0.069$ H,$J = 0.189$ kg·m²,$F = 0$
直流电源	510 V
PWM 发电机	3 桥臂(6 脉冲),频率为 1 080 Hz
饱和	[−16 16]
积分器	[−18 18]

（2）机械特性实验,用 plot 画出 T_e-n 曲线。$n^* = 1\,400$ r/min,仿真算法 ode5,仿真时间为 1 s,仿真步长为 10^{-5} s,在 0.45 s 时 T_L 发生突变,从 0 跳变为 65 N·m。请绘制出转矩（T_e）响应曲线、转矩转速特性曲线、定子磁链曲线、转子磁链曲线定子、电流响应曲线以及转速响应曲线。plot 参数为 x = [0,150],y = [0,1500]。

（3）转速跟随特性实验。n^* 的初始值 1 400 r/min 在 0.6 s 跳变为 1 000 r/min,仿真算法 ode5,仿真时间为 1 s,仿真步长为 10^{-5} s,T_L 在 0.45 s 从 0 跳变为 65 N·m。请绘制出转矩（T_e）响应曲线、转速响应曲线、定子电流响应曲线、转子电流响应曲线以及逆变器调制频率（ω_1）响应曲线。

四、思考题

（1）试说明三相感应电动机矢量控制的基本思想。

（2）在按转子磁场定向的 MT 坐标系中,为什么感应电动机定子电流有 T 轴分量而转子磁链却无 T 轴分量?

五、实验报告要求

（1）简述实验目的及实验原理。

（2）抄写实验内容,打印出仿真模型图、记录仿真结果。

（3）根据要求给出分析结果。

（4）完成思考题。

实验 8.2　单电流控制器的 BLDCM 转速电流双闭环系统

一、实验目的

（1）熟练掌握无刷直流电动机（BLDCM）伺服控制系统工作原理。

（2）熟练掌握单电流控制器的无刷直流电动机转速电流双闭环系统实验工作原理。

（3）熟悉 MATLAB/Simulink 的集成环境，了解各窗体和模块的功能和使用方法。

二、实验原理

在直流电动机中，通常磁极在定子上，电枢绕组位于转子上。由电源向电枢绕组提供的电流为直流，而为了能产生大小、方向均保持不变的电磁转矩，每一主磁极下电枢绕组元件边中的电流方向应相同并保持不变，但因每一元件边均随转子的旋转而轮流经过 N 极、S 极，故每一元件边中的电流方向必须相应交替变化，即必须为交变电流。在有刷直流电动机中，把外部输入的直流电变换成电枢绕组中的交变电流是由电刷和机械式换向器完成的，每当一个元件边经过几何中性线由 N 极转到 S 极下或由 S 极转到 N 极下时，通过电刷和机械换向器使绕组电流改变方向。

三、实验内容

（1）请按照下列参数建立图 8-2 相对应的 Simulink 模型，并记录定子电流（i_A）响应曲线、转速（n）响应曲线以及转矩（T_e）响应曲线。

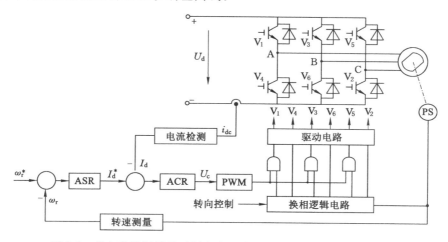

图 8-2　单电流控制器的无刷直流电动机转速电流双闭环伺服系统

电动机采用 PMSM 模块,其参数如下:

① Back EMF waveform 参数设为"Trapezoidal";转子转动惯量 $J = 0.03$ kg·m^2,旋转阻力系数 $F = 0.5$ N·m·s,其余为默认参数。

② 转速调节器 ASR 的参数:比例增益 $K_{sp} = 150$,积分增益 $K_{si} = 1.65$,输出限幅的下限值和上限值分别为 0 A 和 15 A。

③ 电流调节器 ACR 的参数:比例增益 $K_{cp} = 120$,积分增益 $K_{ci} = 0.35$,输出限幅的下限值和上限值分别为 0.05 A 和 1 A。

④ 转速给定值:$n^* = 750$ r/min。

⑤ 方向给定:Direction = 1。

⑥ 负载转矩:除了与转速成正比的旋转阻力矩,还由定时器模块 Tma 提供了一个外加负载转矩,其输出开始时为 0,在 0.3 s 跳变为 10 N·m,0.5 s 时再次跳变为 0。

⑦ 仿真终止时间:0.6 s。

⑧ 仿真算法:ode23tb。

(2) 换相转矩脉动实验。考虑到理论分析结果是在忽略定子电阻的条件下得到的,仿真中为了减少电阻影响,将其设为 0.2 Ω;为便于比较,将旋转阻力系数设为 0,外加负载转矩统一为 15 N·m,以使不同转速下的电流幅值及电磁转矩保持一致;为了避免换相期间由于关断相电动势下降造成额外的转矩脉动,将电动势的平顶宽度由 120°改为 150°。转速调节器的参数:$k_{sp} = 50$,$k_{si} = 0.5$;电流调节器的参数:$k_{cp} = 5.75$,$k_{ci} = 0.25$;负载转矩:在 0.3 s 时由 0 跳变为 15 N·m;仿真终止时间:0.6 s。

分别记录:

① 电动机在 1 000 r/min 下稳定运行时,感应电动势(e_A)响应曲线、电磁转矩(T_e)响应曲线、三相绕组电流响应曲线。

② 电动机在 500 r/min 下稳定运行时,感应电动势(e_A)响应曲线、电磁转矩(T_e)响应曲线、三相绕组电流响应曲线仿真波形。

③ 电动机在 1 300 r/min 下稳定运行时,感应电动势(e_A)响应曲线、电磁转矩(T_e)响应曲线、三相绕组电流响应曲线仿真波形。

四、思考题

(1) 无刷永磁电动机伺服系统主要由哪几部分组成? 试说明各部分的作用及它们之间的相互关系。

(2) 为什么说无刷直流电动机既可以看作是直流电动机,又可以看作是一种自控变频同步电动机系统?

五、实验报告要求

(1) 简述实验目的及实验原理。

(2) 抄写实验内容,打印出仿真模型图、记录仿真结果。

(3) 根据要求给出分析结果。

(4) 完成思考题。

实验 8.3　三相滞环 PWM 电流控制器 BLDCM 控制系统实验

一、实验目的

（1）熟练掌握无刷直流电动机（BLDCM）伺服控制系统工作原理。

（2）熟练掌握三相滞环 PWM 电流控制器的无刷直流电动机伺服控制系统实验工作原理。

（3）熟悉 MATLAB/Simulink 的集成环境，了解各窗体和模块的功能和使用方法。

二、实验原理

所谓 PWM 电流控制方式是指根据电流实测值与给定值的偏差产生 PWM 控制信号，对电流瞬时值进行控制，以使实际电流跟踪电流给定值的一种 PWM 方式。在三相无刷直流电动机中，可以使用 3 只电流传感器分别检测 3 相绕组电流，直接对 3 相电流瞬时值进行控制。由于除了换相期间之外，其余时刻只有两相绕组导通，绕组电流与直流侧电流一致，故也可以只用一只电流传感器检测直流侧电流，通过 PWM 方式对直流侧电流进行控制。

图 8-3 给出了一个 BLDCM 速度控制系统，该系统采用三只电流传感器分别检测三相绕组电流，并通过 PWM 逆变器对三相绕组电流瞬时值进行控制。需要说明的是，对于中性点隔离的三相 Y 接无刷直流电动机，由于 $i_A + i_B + i_C = 0$，可以只用两只电流传感器，另一相（如 C 相）绕组电流可以由 $i_C = -(i_A + i_B)$ 得到。

如图 8-3 所示，各相电流瞬时值 i_A、i_B、i_C 分别与其给定值 i_A^*、i_B^*、i_C^* 比较，经滞环比较器产生各功率开关的导通和关断信号，使各相绕组电流跟踪相应电流给定值。

另外，图 8-3 中位置检测和转速检测分别由位置传感器 BQ 和速度传感器 TG 产生，实际系统中也可以由一个传感器同时完成位置和转速的检测。

三、实验内容

（1）请按照下列参数建立图 8-3 相对应的 Simulink 模型，并记录定子电流响应曲线、转速响应曲线以及转矩响应曲线。

电动机采用 PMSM 模块，其参数如下：

① Back EMF waveform 参数设为"Trapezoidal"；转子转动惯量 $J = 0.03$ kg·m²，旋转阻力系数 $F = 0.05$ N·m·s，其余为默认参数。

② 转速调节器 ASR 的参数：比例增益 $k_{sp} = 300$，积分增益 $k_{si} = 3.3$，输出限幅值为 ± 15 A。

③ 电流滞环比较器的滞环宽度：0.4 A。

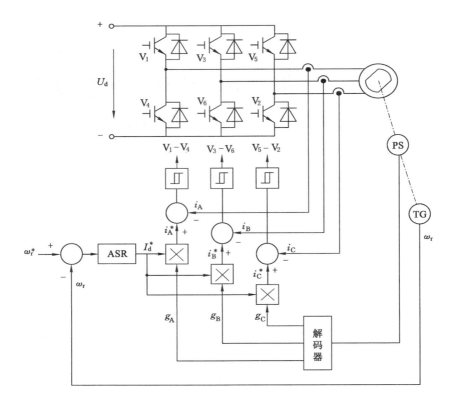

图 8-3　三相 BLDCM 控制系统

④ 转速给定值：n^* 由定时器模块 Timer 产生，开始时为 750 r/min，0.25 s 时跳变为 —750 r/min，0.6 s 时再次跳变为 750 r/min。

⑤ 负载转矩：Tma 开始时为 0，1.0 s 时跳变为 10 N·m。

⑥ 仿真终止时间：1.2 s。

⑦ 仿真算法：ode23tb

（2）换相转矩脉动实验。考虑到理论分析结果是在忽略定子电阻的条件下得到的，仿真中为了减少电阻影响，将其设为 0.2 Ω；为便于比较，将旋转阻力系数设为 0，外加负载转矩统一为 15 N·m，以使不同转速下的电流幅值及电磁转矩保持一致；为了避免换相期间由于关断相电动势下降造成额外的转矩脉动，将电动势的平顶宽度由 120°改为 150°。转速调节器的参数：$k_{sp}=3.3$，$k_{si}=300$；电流滞环宽度：0.4 A；负载转矩：在 0.3 s 时由 0 跳变为 15 N·m；仿真终止时间：0.6 s。

分别记录：电动机在 1 000 r/min、500 r/min、1 300 r/min 下稳定运行时的感应电动势仿真波形。

四、思考题

（1）同步电动机变频调速中，何谓他控变频？何谓自控变频？永磁同步伺服电动机通常采用何种变频方式？为什么？

（2）无刷永磁伺服电动机中，表面式转子结构和内置式转子结构各有何特点？

五、实验报告要求

（1）简述实验目的及实验原理。

（2）抄写实验内容，打印出仿真模型图、记录仿真结果。

（3）根据要求给出分析结果。

（4）完成思考题。

实验8.4 正弦波永磁同步电动机矢量控制系统仿真实验

一、实验目的

(1) 熟练掌握正弦波永磁同步电动机伺服控制系统工作原理。

(2) 熟练掌握正弦波永磁同步电动机矢量伺服控制系统实验工作原理。

(3) 熟悉 MATLAB/Simulink 的集成环境,了解各窗体和模块的功能和使用方法。

二、实验原理

感应电动机直接定向矢量控制系统结构形式多种多样,图 8-4 给出了其中一种方案的原理框图。

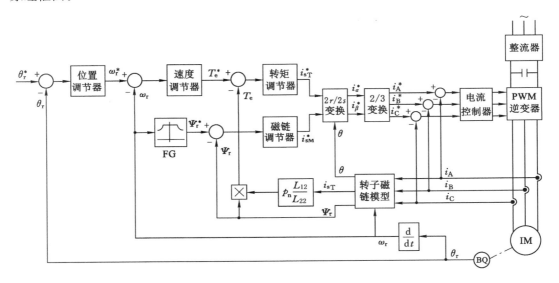

图 8-4 感应电动机直接定向矢量控制伺服驱动系统

系统中除对位置、转速、转矩进行闭环控制外,还有一个磁链调节器,通过对定子电流励磁分量的调节以控制转子磁链的大小。转子磁链参考值 Ψ_r^* 由函数发生器 FG 产生,FG 的输入为实测转速 ω_r,当 ω_r 小于基速时,Ψ_r^* 保持恒定,进行恒磁通控制;当 ω_r 大于基速时,Ψ_r^* 随速度增加成反比减少,以实现弱磁控制。Ψ_r^* 与实际磁链 Ψ_r 比较后,经磁链调节器输出 i_{sM}^*,作为磁场定向 MT 坐标系中定子电流励磁分量的给定值。定子电流转矩分量的给定值 i_{sT}^* 由转矩调节器根据转矩给定值 T_e^* 与转矩反馈值 T_e 的差值产生。

i_{sM}^*、i_{sT}^* 经坐标变换后产生三相电流给定值 i_A^*、i_B^*、i_C^*，它们与实测三相电流的偏差值输入三相电流控制器，其输出为逆变器的 PWM 控制信号，通过 PWM 逆变器使感应电动机的三相电流快速跟踪其给定值，从而保证即使在动态过程中定子电流的励磁分量和转矩分量也能跟踪其给定值 i_{sM}^*、i_{sT}^* 的变化，以实现对动态转矩的有效控制。

三、实验内容

建立图 8-4 相对应的 Simulink 模型，电动机采用 PMSM 模块，其参数如下：

① Back EMF waveform 参数设为"Sinusoidal"；转子转动惯量 $J=0.03$ kg·m^2，旋转阻力系数 $F=0.05$ N·m·s，其余为默认参数。

② 转速调节器 ASR 的参数：比例增益 $k_{sp}=300$，积分增益 $k_{si}=3.3$，输出限幅值为 ±20 A。

③ 电流滞环比较器的滞环宽度：0.4 A。

④ 转速给定值：n^* 由定时器模块 Timer 产生，开始时为 750 r/min，0.25 s 时跳变为 -750 r/min，0.6 s 时再次跳变为 750 r/min。

⑤ 负载转矩：Tma 开始时为 0，1.0 s 时跳变为 10 N·m。

⑥ 仿真终止时间：1.2 s。

⑦ 仿真算法：ode23tb。

四、思考题

(1) 正弦波永磁同步电动机和无刷直流电动机的主要区别是什么？两种电动机在结构上有何差别？

(2) 正弦波永磁同步电动机控制中何谓 $i_d=0$ 控制？为什么表面式永磁同步电动机通常采用 $i_d=0$ 控制？试说明 $i_d=0$ 控制的主要优缺点。

五、实验报告要求

(1) 简述实验目的及实验原理。

(2) 抄写实验内容，打印出仿真模型图、记录仿真结果。

(3) 根据要求给出分析结果。

(4) 完成思考题。

第 9 章
虚拟仿真软件在发电厂及变电所的应用

实验 9.1 电气设备认知及操作

一、实验目的

（1）通过本实验让学生认识及学会应用本仿真教学实验系统,学会对相关软件进行简单操作。

（2）对断路器、隔离开关、变压器等电气设备有初步认知。

（3）掌握断路器、隔离开关、变压器等电气设备的操作规程。

二、实验内容

1. 断路器的认知与操作

（1）通过导航图的方式切换到要操作设备的间隔,并在三维场景中任选断路器查看其结构。通过鼠标右键记录巡检情况。

（2）在监控系统主接线图中,进行断路器状态的巡检与操作。用户密码为1,监护人密码为2。如图9-1所示。

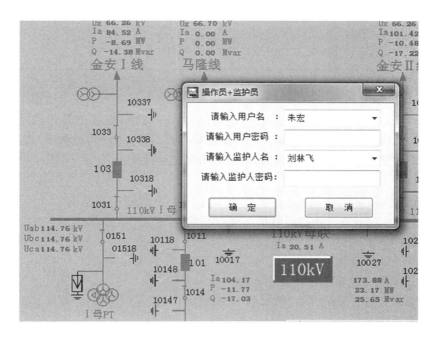

图 9-1 监控系统操作示意图

（3）在系统中选取任意一个断路器改变分合状态，记录线路上电压、电流、有功功率以及无功功率变化情况（表 9-1），并观察三维场景中的实验现象。

表 9-1　断路器

断路器编号	动作前					动作后				
	开关状态	U/kV	I/A	P/MW	Q/Mvar	开关状态	U/kV	I/A	P/MW	Q/Mvar

（4）VR 场景中断路器的操作。双击 VR 场景.exe，进入仿真变电站三维 VR 场景。点击导航图，调出主接线图。在主接线导航图上选择断路器，双击开箱门，将"远方就地切换旋钮"切换至就地位，左击分闸按钮，分开关。

2. 隔离开关的认知与操作

（1）通过导航图的方式切换到要操作设备的间隔，在三维场景中任选隔离开关查看其结构，通过鼠标右键记录巡检情况。

（2）在监控系统主接线图中，进行隔离开关状态的巡检与操作。

（3）在系统中选取任意一个隔离开关改变分合状态，记录线路上电压、电流、有功功率以及无功功率变化情况，并观察三维场景中的实验现象。如表 9-2 所示。

表 9-2　隔离开关

隔离开关编号	动作前					动作后				
	开关状态	U/kV	I/A	P/MW	Q/Mvar	开关状态	U/kV	I/A	P/MW	Q/Mvar

（4）VR 场景中隔离开关的操作。点击导航图，调出主接线图。在导航图中左击所选刀闸，如导航到"110 kV 金安Ⅰ线线路侧 1033 刀闸"处，单击解锁，双击开箱门，切换至就地，分 1033 刀闸，同样操作分 1031 刀闸。若手动操作，将"电动/手动转换把手"切换至手动位，左击摇把插入摇把，右击摇把分合隔离开关，右击摇把摘除摇把。

3. 主变压器的认知

（1）可在三维场景中对主变压器进行认知与巡检，生成巡检记录。

（2）监控系统中对主变压器运行情况进行巡检。

4. 电流互感器的认知

可在三维场景中对电流互感器进行认知与巡检，并生成巡检记录。

5. 电压互感器以及母线电压互感器的认知

通过三维场景对电压互感器、母线电压互感器进行认知与巡检，并观察其配备方式。

6. 避雷器的认知

可在三维场景中对避雷器进行认知与巡检，并观察系统中避雷器的配备情况。

7. 10 kV 小车的 VR 操作

（1）监控图中分 908 断路器，在导航图中单击 908 断路器，系统导航到"10 kV 城厢线

908 开关"处,先单击解锁,打开挡片,单击摇把孔插入摇把,单击摇把,小车拉至试验位,右键摘摇把,单击柜门锁,单击锁孔解锁,双击开柜门。

（2）柜门打开之后,拔下航空插头,单击"点此出小车"。

（3）单击拉杆,固定小车,单击断路器拉手,拉出断路器至检修位。

（4）合小车接地刀闸,单击解锁,单击挡片,拔下弹簧片,插入摇把,转动摇把合地刀,右键摘摇把。

（5）若操作检修转运行,按照相反的操作步骤操作即可。

三、实验报告要求

（1）巡检断路器、隔离开关、主变压器、电流互感器、电压互感器以及避雷器等电气设备并生成巡检记录。

（2）观察所有电气设备配置方式。

实验 9.2　110 kV 变电所电气主接线形式及特点

一、实验目的

(1) 掌握常用电气主接线的优缺点。
(2) 能够对仿真系统提供的变电站电气主接线进行分析。
(3) 掌握电气主接线的绘制。

二、实验内容

(1) 运行仿真变电站监控系统,如图 9-2 所示。
(2) 观察仿真系统电压等级以及各电压等级的接线形式。
(3) 观察各电压等级进出线回路数。
(4) 分析仿真变电站主接线的优缺点。
(5) 分析仿真变电站主变压器的选择与配备。

三、思考题

(1) 该仿真变电站采用何种接线形式,此种接线形式的优点是什么?
(2) 对主接线的基本要求及设计主接线时主要应收集、分析的原始资料有哪些?
(3) 该仿真变电站除了采用系统中的接线形式以前,请思考一下是否还有其他的主接线形式适用于该系统,并请阐述理由。

四、实验报告要求

(1) 分析仿真变电站各电压等级采用的接线方式的依据。
(2) 根据此模型的电气设备布置情况,画出对应的电气主接线图。

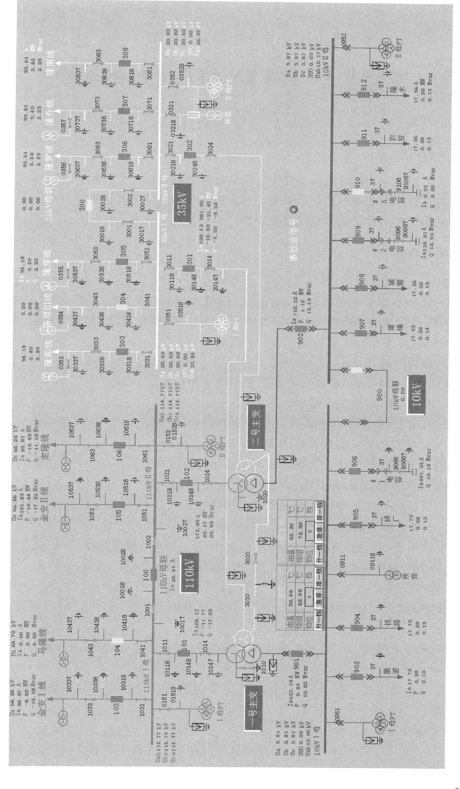

图 9-2　仿真变电站监控系统示意图

实验 9.3　110 kV 仿真变电站巡检

一、实验目的

（1）通过三维 VR 场景巡检了解变电站日常巡检项目及操作过程。

（2）通过监控系统中的操作了解变电站主控室中的日常巡检情况。

（3）掌握变电站系统工作情况及流程。

二、实验内容

1. VR 场景巡检

现场一次设备部分的仿真利用 3D 技术，根据现场一次设备的外形，建造模型，形成虚拟现实，可以对设备进行操作、巡检，置身于真实的变电站中。同时它应用影像、图像、声音等多媒体手段，使仿真效果更加真实。

（1）断路器巡检。

① 双击 VR 场景.exe，进入仿真变电站三维 VR 场景。

② 点击导航图，调出主接线图。

③ 在主接线导航图上选择需要巡检的断路器，并记录巡检结果，巡检对象包括断路器本体，A、B、C 三相瓷瓶以及 SF6 压力表。

（2）隔离开关巡检。在主接线导航图上选择需要巡检的隔离开关，并记录巡检结果，巡检对象包括开关本体以及 A、B、C 三相瓷瓶。

（3）主变压器巡检。在主接线导航图上选择主变压器，并记录巡检结果，巡检内容包括主变本体、主变瓦斯继电器、变压器油位、绕阻温度、潮湿情况。

（4）10 kV 小车巡检。在主接线导航图上任选一 10 kV 段断路器，并记录巡检结果，巡检内容包括小车各种状态指示灯情况、五防锁、储能开关状态。

2. 监控系统巡检

（1）断路器巡检。在监控主接线图上，观察断路器分合状态，通过鼠标右键进行操作记录。

（2）隔离开关巡检。在监控主接线图上，观察隔离开关分合状态，通过鼠标右键进行操作记录。

（3）主变压器巡检。点击监控系统中的一号主变、二号主变进入到主变分图，巡检主变各信号状态。

3. 保护盘巡检

（1）110 kV、35 kV 小室巡检。鼠标移到各保护盘上变成小手形状，单击即会打开相应的保护屏，弹出的保护屏是经过缩小处理的整屏画面，盘面上的内容需要放大才能看清楚。

需要查看哪部分内容,即可在该部位点右键,弹出一个放大的图片,查看完成后,右键双击,可以把放大的图片关掉。

记录 110 kV 母线保护屏、35 kV 线路保护测控屏、母联保护及线路测控并列屏、主变微机保护测控屏以及总控屏中各设备现象。

(2) 10 kV 小室巡检。进入 10 kV 小室后,选择各开关柜进行状态巡检,并记录开关柜、母联刀闸柜、母线 PT 柜中各设备情况。

4. 电压、电流、功率巡检

在监控主接线及监控间隔图中进行巡检。各监控间隔通过右键点击监控主接线图上的线路名称,弹出间隔图,按住鼠标右键可以移动间隔窗口。如表 9-3 所示。

表 9-3 线路

线路名称	零序电压	相电流	相电压			设备名称	设备现象
			AB 相	BC 相	CA 相		

三、思考题

简述变电站巡检的意义。

四、实验报告要求

(1) 完成要求的各设备的巡检;
(2) 生成巡检报告;
(3) 撰写实验总结(收获及体会)。

实验9.4 检修操作

一、实验目的

（1）熟悉开关检修操作。
（2）掌握母线检修的操作顺序。
（3）理解倒闸操作的原则。

二、实验内容

1. 110 kV 段开关检修

（1）按照电气操作票完成 110 kV 金安Ⅰ线的 103 开关由运行状态转为检修状态，并通过报文信息记录导出操作过程。如表 9-4 所示。

表 9-4 103 开关由运行状态转为检修状态

变电站电气操作票

编号：

发令单位		发令人	
受令人		受令时间	年　月　日　时　分
操作开始时间	年　月　日　时　分	操作结束时间	年　月　日　时　分
操作任务		将 110 kV 金安Ⅰ线的 103 开关由运行状态转为检修状态	

预演√	顺序	操作项目	操作√
	1	断开 103 开关	
	2	检查 103 开关确在断开位置	
	3	断开 1033 刀闸	
	4	检查 1033 刀闸确在断开位置	
	5	断开 1031 刀闸	
	6	检查 1031 刀闸确在断开位置	
	7	在 1033 刀闸开关侧验明三相确无电	
	8	合上 10338 接地刀闸	
	9	检查 10338 接地刀闸确在合闸位置	
	10	在 1031 刀闸开关侧验明三相确无电	
	11	合上 10318 接地刀闸	
	12	检查 10318 接地刀闸确在合闸位置	

表 9-4(续)

发令单位				发令人							
受令人				受令时间		年　月　日　时　分					
操作开始时间		年　月　日　时　分		操作结束时间		年　月　日　时　分					
操作任务		将 110 kV 金安 I103 开关由运行状态转为检修状态									
预演√	顺序	操作项目									操作√
	13	断开 103 开关控制电源空气开关 1-1DK2									
备注											
操作人			监护人				值班负责人				

（2）设备检修。通过鼠标右键记录设备状态。

（3）检修完毕将 103 开关由检修状态转为运行状态。如表 9-5 所示。

表 9-5　103 开关由检修状态转为运行状态

变电站电气操作票

编号：

发令单位				发令人							
受令人				受令时间		年　月　日　时　分					
操作开始时间		年　月　日　时　分		操作结束时间		年　月　日　时　分					
操作任务		将 110kV 金安 I 线的 103 开关由检修状态转为运行状态									
预演√	顺序	操作项目									操作√
	1	断开 10338 接地刀闸									
	2	检查 10338 接地刀闸确在断开位置									
	3	断开 10318 接地刀闸									
	4	检查 10318 接地刀闸确在断开位置									
	5	合上 103 开关控制电源空气开关 1-1DK2									
	6	检查 103 开关确在断开位置									
	7	合上 1031 刀闸									
	8	检查 1031 刀闸确在合闸位置									
	9	合上 1033 刀闸									
	10	检查 1033 刀闸确在合闸位置									
	11	合上 103 开关									
	12	检查 103 开关确在合闸位置									
备注											
操作人			监护人				值班负责人				

2. 35 kV 段开关检修

（1）按照电气操作票完成 35 kV 隆那线的 303 开关由运行状态转为检修状态，并通过报文信息记录导出操作过程。如表 9-6 所示。

表 9-6　303 开关由运行状态转为检修状态

变电站电气操作票

编号：

发令单位		发令人		
受令人		受令时间	年　月　日　时　分	
操作开始时间	年　月　日　时　分	操作结束时间	年　月　日　时　分	
操作任务	将 35 kV 隆那线的 303 开关由运行状态转为检修状态			

预演√	顺序	操作项目	操作√
	1	断开 303 开关	
	2	检查 303 开关确在断开位置	
	3	断开 3033 刀闸	
	4	检查 3033 刀闸确在断开位置	
	5	断开 3031 刀闸	
	6	检查 3031 刀闸确在断开位置	
	7	在 3033 刀闸开关侧验明三相确无电压	
	8	合上 30338 接地刀闸	
	9	检查 30338 接地刀闸确在合闸位置	
	10	在 3031 刀闸开关侧验明三相确无电压	
	11	合上 30318 接地刀闸	
	12	检查 30318 接地刀闸确在合闸位置	
	13	断开 303 开关控制电源空气开关 14K	
备注			
操作人		监护人	值班负责人

（2）设备检修。通过鼠标右键记录设备状态。

（3）检修完毕将 303 开关由检修状态转为运行状态。如表 9-7 所示。

表 9-7　303 开关由检修状态转为运行状态

变电站电气操作票

编号：

发令单位		发令人	
受令人		受令时间	年　月　日　时　分
操作开始时间	年　月　日　时　分	操作结束时间	年　月　日　时　分
操作任务		将 35 kV 隆那线的 303 开关由检修状态转为运行状态	

预演√	顺序	操作项目	操作√
	1	拆除 3031 刀闸操作把手上"禁止合闸,有人工作"标示牌	
	2	拆除 3033 刀闸操作把手上"禁止合闸,有人工作"标示牌	
	3	合上 303 开关控制电源空气开关 14K	
	4	断开 30318 接地刀闸	
	5	检查 30318 接地刀闸确在断开位置	
	6	断开 30338 接地刀闸	
	7	检查 30338 接地刀闸确在断开位置	
	8	检查 303 开关确在断开位置	
	9	合上 3031 刀闸	
	10	检查 3031 刀闸确在合闸位置	
	11	合上 3033 刀闸	
	12	检查 3033 刀闸确在合闸位置	
	13	合上 303 开关	
	14	检查 303 开关确在合闸位置	
备注			
操作人		监护人	值班负责人

3. 10 kV 段开关检修

（1）按照电气操作票完成 10 kV 微波线的 903 开关由运行状态转为检修状态,并通过报文信息记录导出操作过程。如表 9-8 所示。

表 9-8　903 开关由运行状态转为检修状态

变电站电气操作票

编号：

发令单位		发令人		
受令人		受令时间	年　月　日　时　分	
操作开始时间	年　月　日　时　分	操作结束时间	年　月　日　时　分	
操作任务		将 10 kV 微波线的 903 开关由运行状态转为检修状态		

预演√	顺序	操作项目	操作√
	1	检查 903 开关柜带电显示器显示三相带电	
	2	断开 903 开关	
	3	检查 903 开关确在断开位置	
	4	断开 9033 刀闸	
	5	检查 9033 刀闸确在断开位置	
	6	断开 9031 刀闸	
	7	检查 9031 刀闸确在断开位置	
	8	检查 903 开关柜带电显示器显示三相无电	
	9	在 9033 刀闸开关侧验明三相确无电	
	10	在 9033 刀闸开关侧装设接地线一组	
	11	在 9031 刀闸开关侧验明三相确无电	
	12	在 9031 刀闸开关侧装设接地线一组	
	13	断开 903 开关控制电源空气开关 1K	
	14	断开 903 开关保护装置电源空气开关 2K	
	15	断开 903 开关保护电压空气开关 1ZKK	
	16	在 903 开关操作孔上悬挂"禁止合闸,有人工作"标示牌	
备注			
操作人		监护人	值班负责人

（2）设备检修。通过鼠标右键记录设备状态。

（3）检修完毕将 903 开关由检修状态转为运行状态。如表 9-9 所示。

表 9-9　903 开关由检修状态转为运行状态

变电站电气操作票

编号：

发令单位			发令人	
受令人			受令时间	年　月　日　时　分
操作开始时间	年　月　日　时　分		操作结束时间	年　月　日　时　分
操作任务		将 10 kV 微波线的 903 开关由检修状态转运行状态		
预演√	顺序	操作项目		操作√
	1	取下 903 开关操作孔上"禁止合闸，有人工作"标示牌		
	2	拆除 9033 刀闸开关侧接地线一组		
	3	拆除 9031 刀闸开关侧接地线一组		
	4	合上 903 开关控制电源空气开关 1K		
	5	合上 903 开关保护装置电源空气开关 2K		
	6	合上 903 开关保护电压空气开关 1ZKK		
	7	检查 903 开关确在断开位置		
	8	合上 9031 刀闸		
	9	检查 9031 刀闸确在合闸位置		
	10	合上 9033 刀闸		
	11	检查 9033 刀闸确在合闸位置		
	12	合上 903 开关		
	13	检查 903 开关确在合闸位置		
备注				
操作人		监护人		值班负责人

4. 35 kV 段母线检修

（1）按照电气操作票完成 35 kV Ⅰ 段母线由运行状态转为检修状态，并通过报文信息记录导出操作过程。

表 9-10　35 kV Ⅰ 段母线由运行状态转为检修状态

变电站电气操作票

编号：

发令单位			发令人	
受令人			受令时间	年　月　日　时　分
操作开始时间	年　月　日　时　分		操作结束时间	年　月　日　时　分
操作任务		将 35 kV Ⅰ 段母线由运行状态转为检修状态		
预演√	顺序	操作项目		操作√
	1	断开 303 开关		
	2	检查 303 开关确在断开位置		

表 9-10(续)

发令单位		发令人	
受令人		受令时间	年 月 日 时 分
操作开始时间	年 月 日 时 分	操作结束时间	年 月 日 时 分
操作任务	将 35 kV Ⅰ 段母线由运行状态转为检修状态		

预演√	顺序	操作项目	操作√
	3	断开 35 kV 母联 300 开关	
	4	检查 35 kV 母联 300 开关确在断开位置	
	5	断开一号主变 301 开关	
	6	检查一号主变 301 开关确在断开位置	
	7	检查备用Ⅲ 304 开关确在断开位置	
	8	检查备用Ⅳ 305 开关确在断开位置	
	9	检查 303 开关确在断开位置	
	10	断开 3033 刀闸	
	11	检查 3033 刀闸确在断开位置	
	12	断开 3031 刀闸	
	13	检查 3031 刀闸确在断开位置	
	14	检查备用Ⅲ 3043 刀闸确在断开位置	
	15	检查备用Ⅲ 3041 刀闸确在断开位置	
	16	检查备用Ⅳ 3053 刀闸确在断开位置	
	17	检查备用Ⅳ 3051 刀闸确在断开位置	
	18	断开 35 kV Ⅰ 段母线 PT 二次保护电压空气开关 1ZKK	
	19	断开 35 kV Ⅰ 段母线 PT 二次计量电压空气开关 2ZKK	
	20	断开 35 kV Ⅰ 段母线 PT0351 刀闸	
	21	检查 35 kV Ⅰ 段母线 PT0351 刀闸确在断开位置	
	22	检查一号主变 301 开关确在断开位置	
	23	断开一号主变 3014 刀闸	
	24	检查一号主变 3014 刀闸确在断开位置	
	25	断开一号主变 3011 刀闸	
	26	检查一号主变 3011 刀闸确在断开位置	
	27	检查 35 kV 母联 300 开关确在断开位置	
	28	断开 35 kV 母联 3001 刀闸	
	29	检查 35 kV 母联 3001 刀闸确在断开位置	
	30	断开 35 kV 母联 3002 刀闸	
	31	检查 35 kV 母联 3002 刀闸确在断开位置	
	32	在 35 kV 母联 3001 刀闸母线侧验明三相确无电压	
	33	合上 35 kV 母联 30017 接地刀闸	

表 9-10(续)

发令单位			发令人		
受令人			受令时间		年　月　日　时　分
操作开始时间	年　月　日　时　分		操作结束时间		年　月　日　时　分
操作任务	将 35 kVⅠ段母线由运行状态转为检修状态				
预演√	顺序	操作项目			操作√
	34	检查 35 kV 母联 30017 接地刀闸确在合闸位置			
	35	退出一号主变中压侧,复压启动高压侧压板 21LP9			
备注					
操作人		监护人		值班负责人	

（2）设备检修。通过鼠标右键记录设备状态。

（3）检修完毕将 35 kV Ⅰ段母线由检修状态转为运行状态。如表 9-11 所示。

表 9-11　35 kV Ⅰ段母线由检修状态转为运行状态

变电站电气操作票
编号：

发令单位			发令人		
受令人			受令时间		年　月　日　时　分
操作开始时间	年　月　日　时　分		操作结束时间		年　月　日　时　分
操作任务	将 35 kV Ⅰ段母线由检修状态转为运行状态				
预演√	顺序	操作项目			操作√
	1	断开 35 kV 母联 30017 接地刀闸			
	2	检查 35 kV 母联 30017 接地刀闸确在断开位置			
	3	检查 35 kV 母联 300 开关确在断开位置			
	4	合上 35 kV 母联 3002 刀闸在断开位置			
	5	检查 35 kV 母联 3002 刀闸确在断开位置			
	6	合上 35 kV 母联 3001 刀闸在断开位置			
	7	检查 35 kV 母联 3001 刀闸确在断开位置			
	8	检查一号主变 301 开关确在断开位置			
	9	合上一号主变 3011 刀闸			
	10	检查一号主变 3011 刀闸确在合闸位置			
	11	合上一号主变 3014 刀闸			
	12	检查一号主变 3014 刀闸确在合闸位置			

表 9-11（续）

发令单位			发令人				
受令人			受令时间	年　月　日　时　分			
操作开始时间	年　月　日　时　分		操作结束时间	年　月　日　时　分			
操作任务	将 35 kV Ⅰ 段母线由检修状态转为运行状态						
预演√	顺序	操作项目					操作√
	13	检查 303 开关确在断开位置					
	14	合上 3031 刀闸					
	15	检查 3031 刀闸确在合闸位置					
	16	合上 3033 刀闸					
	17	检查 3033 刀闸确在合闸位置					
	18	合上 35 kV Ⅰ 段母线 PT0351 刀闸					
	19	检查 35 kV Ⅰ 段母线 PT0351 刀闸确在合闸位置					
	20	合上 35 kV Ⅰ 段母线 PT 二次保护电压空气开关 1ZKK					
	21	合上 35 kV Ⅰ 段母线 PT 二次计量电压空气开关 2ZKK					
	22	合上一号主变 301 开关					
	23	检查一号主变 301 开关确在合闸位置					
	24	合上 303 开关					
	25	检查 303 开关确在合闸位置					
	26	检查一号主变、二号主变挡位一致					
	27	合上 35 kV 母联 300 开关					
	28	检查 35 kV 母联 300 开关确在断开位置					
	29	投入一号主变中压侧,复压启动高压侧压板 21LP9					
备注							
操作人		监护人				值班负责人	

5. 10 kV 段母线检修

（1）按照电气操作票完成 10 kV Ⅰ 段母线由运行状态转为检修状态,并通过报文信息记录导出操作过程。如表 9-12 所示。

表 9-12 10 kV Ⅰ 段母线由运行状态转为检修状态

变电站电气操作票
编号：

发令单位		发令人						
受令人		受令时间	年 月 日 时 分					
操作开始时间	年 月 日 时 分	操作结束时间	年 月 日 时 分					
操作任务		将 10 kV Ⅰ 段母线由运行状态转为检修状态						

预演√	顺序	操作项目	操作√
	1	检查站用电源确在 35 kV 所变运行	
	2	断开 10 kV 电容 Ⅰ 906 开关	
	3	检查 10 kV 电容 Ⅰ 906 开关确在断开位置	
	4	断开 903 开关	
	5	检查 903 开关确在断开位置	
	6	断开 904 开关	
	7	检查 904 开关确在断开位置	
	8	断开 905 开关	
	9	检查 905 开关确在断开位置	
	10	断开 10 kV 母联 900 开关	
	11	检查 10 kV 母联 900 开关确在断开位置	
	12	断开一号主变 901 开关	
	13	检查一号主变 901 开关确在断开位置	
	14	断开一号主变 9014 刀闸	
	15	检查一号主变 9014 刀闸确在断开位置	
	16	断开一号主变 9011 刀闸	
	17	检查一号主变 9011 刀闸确在断开位置	
	18	断开 10 kV Ⅰ 段母线 PT 二次保护电压空气开关 1ZKK	
	19	断开 10 kV Ⅰ 段母线 PT 二次计量电压空气开关 2ZKK	
	20	断开 10 kV Ⅰ 段母线 PT0951 刀闸	
	21	检查 10 kV Ⅰ 段母线 PT0951 刀闸确在断开位置	
	22	检查 903 开关确在断开位置	
	23	断开 9033 刀闸	
	24	检查 9033 刀闸确在断开位置	
	25	断开 9031 刀闸	
	26	检查 9031 刀闸确在断开位置	
	27	检查 904 开关确在断开位置	
	28	断开 9043 刀闸	
	29	检查 9043 刀闸确在断开位置	

表 9-12（续）

发令单位			发令人						
受令人			受令时间	年 月 日 时 分					
操作开始时间	年 月 日 时 分		操作结束时间	年 月 日 时 分					
操作任务		将 10 kV Ⅰ 段母线由运行状态转为检修状态							
预演√	顺序	操作项目							操作√
	30	断开 9041 刀闸							
	31	检查 9041 刀闸确在断开位置							
	32	将 10 kV 所变进线开关由合闸位置切至试验位置							
	33	断开 10 kV 所变 0911 刀闸							
	34	检查 10 kV 所变 0911 刀闸确在断开位置							
	35	检查 905 开关确在断开位置							
	36	断开 9053 刀闸							
	37	检查 9053 刀闸确在断开位置							
	38	断开 9051 刀闸							
	39	检查 9051 刀闸确在断开位置							
	40	检查电容Ⅰ906 开关确在断开位置							
	41	断开电容Ⅰ9063 刀闸							
	42	检查电容Ⅰ9063 刀闸确在断开位置							
	43	断开电容Ⅰ9061 刀闸							
	44	检查电容Ⅰ9061 刀闸确在断开位置							
	45	检查 10 kV 母联 900 开关确在断开位置							
	46	断开 10 kV 母联 9001 刀闸							
	47	检查 10 kV 母联 9001 刀闸确在断开位置							
	48	断开 10 kV 母联 9002 刀闸							
	49	检查 10 kV 母联 9002 刀闸确在断开位置							
	50	在 10 kV 母联 9001 刀闸母线侧验明三相确无电压							
	51	在 10 kV 母联 9001 刀闸母线侧装设接地线一组							
	52	退出一号主变低压侧,复压启动							
备注									
操作人			监护人				值班负责人		

（2）设备检修。通过鼠标右键记录设备状态。

（3）检修完毕将 10 kV Ⅰ 段母线由检修状态转为运行状态。如表 9-13 所示。

表 9-13　10 kV Ⅰ段母线由检修状态转为运行状态

变电站电气操作票

编号：

发令单位		发令人		
受令人		受令时间	年　月　日　时　分	
操作开始时间	年　月　日　时　分	操作结束时间	年　月　日　时　分	
操作任务		将 10 kV Ⅰ段母线由检修状态转为运行状态		

预演√	顺序	操作项目	操作√
	1	拆除 10 kV 母联 9001 刀闸母线侧接地线一组	
	2	检查一号主变 901 开关确在断开位置	
	3	合上一号主变 9011 刀闸	
	4	检查一号主变 9011 刀闸确在合闸位置	
	5	合上一号主变 9014 刀闸	
	6	检查一号主变 9014 刀闸确在合闸位置	
	7	合上 10 kV Ⅰ段母线 PT0951 刀闸	
	8	检查 10 kV Ⅰ段母线 PT0951 刀闸确在合闸位置	
	9	合上 10 kV Ⅰ段母线 PT 二次保护电压空气开关 1ZKK	
	10	合上 10 kV Ⅰ段母线 PT 二次计量电压空气开关 2ZKK	
	11	检查 903 开关确在断开位置	
	12	合上 9031 刀闸	
	13	检查 9031 刀闸确在合闸位置	
	14	合上 9033 刀闸	
	15	检查 9033 刀闸确在合闸位置	
	16	检查 904 开关确在断开位置	
	17	合上 9041 刀闸	
	18	检查 9041 刀闸确在断开位置	
	19	合上 9043 刀闸	
	20	检查 9043 刀闸确在断开位置	
	21	检查 905 开关确在断开位置	
	22	合上 9051 刀闸	
	23	检查 9051 刀闸确在断开位置	
	24	合上 9053 刀闸	
	25	检查 9053 刀闸确在断开位置	
	26	检查 10 kV 电容Ⅰ906 开关确在断开位置	
	27	合上 10 kV 电容Ⅰ9061 刀闸	
	28	检查 10 kV 电容Ⅰ9061 刀闸确在合闸位置	
	29	合上 10 kV 电容Ⅰ9063 刀闸	

表 9-13（续）

发令单位			发令人		
受令人			受令时间		年　月　日　时　分
操作开始时间	年　月　日　时　分		操作结束时间		年　月　日　时　分
操作任务	将 10 kV Ⅰ段母线由检修状态转为运行状态				

预演√	顺序	操作项目	操作√
	30	检查 10 kV 电容Ⅰ 9063 刀闸确在合闸位置	
	31	检查 10 kV 母联 900 开关确在断开位置	
	32	合上 10 kV 母联 9002 刀闸在断开位置	
	33	检查 10 kV 母联 9002 刀闸确在断开位置	
	34	合上 10 kV 母联 9001 刀闸在断开位置	
	35	检查 10 kV 母联 9001 刀闸确在断开位置	
	36	合上 10 kV 所变 0911 刀闸	
	37	检查 10 kV 所变 0911 刀闸确在合闸位置	
	38	将 10 kV 所变进线开关由试验位置切至合闸位置	
	39	合上 10 kV 所变进线接触器启动电源空气开关 2K	
	40	合上一号主变 901 开关	
	41	检查一号主变 901 开关确在合闸位置	
	42	合上 903 开关	
	43	检查 903 开关确在合闸位置	
	44	合上 904 开关	
	45	检查 904 开关确在断开位置	
	46	合上 905 开关	
	47	检查 905 开关确在合闸位置	
	48	检查一号主变、二号主变挡位一致	
	49	合上 10 kV 母联 900 开关	
	50	检查 10 kV 母联 900 开关确在断开位置	
	51	合上电容Ⅰ 906 开关	
	52	检查电容Ⅰ 906 开关确在断开位置	
	53	投入一号主变低压侧，复压启动高压侧压板 22LP8	

备注				
操作人		监护人		值班负责人

三、思考题

（1）对比由运行到检修和由检修到运行的操作过程，请分析为什么要按照这样的操作顺序进行。

（2）"五防"指的是什么？

四、实验报告要求

（1）按要求完成检修操作并生成操作记录。

（2）撰写实验总结（收获及体会）。

实验 9.5　故　障　处　理

一、实验目的

（1）熟悉电力系统，能够根据故障现象分析故障原因。

（2）通过设置不同类型故障，锻炼学生反事故处理的能力。

（3）通过故障设置，了解电力系统中的主变保护、母线保护、线路保护。

二、实验内容

1. 线路故障处理

（1）线路故障设置。进入主接线界面，在线路末端设置故障。把鼠标移到线路末端，右击，在弹出的对话框中选择"设置故障"，根据需要选择不同的故障，故障位置的范围是 $0\sim100$，设置单相故障时必须接地，选择完故障，单击确定，查看报文信息，按照信息提示查看监控室是否有断路器跳开，并记录保护盘中的现象。如表 9-14 所示。

表 9-14　线路故障设置

线路名称	故障类型	故障相别	故障阻抗	故障位置	故障性质	是否接地	接地阻抗

（2）清除故障。利用工具栏上"故障"选项卡"删除全部故障"或者点击线路末端，右击，在弹出的对话框中选择"删除故障"。模拟现场操作中故障排查情景。

（3）恢复运行。将跳开的开关合闸，动作的保护恢复。

2. 母线故障处理

（1）母线故障设置。把鼠标移到 110 kV 母线或者 10 kV 母线上，右击，在"设置故障"中选择需要设置的故障。查看报文信息，按照信息提示查看监控室是否有断路器跳开，并记录保护盘中的现象。如表 9-15 所示。

表 9-15　母线故障设置

线路名称	故障相别	故障性质	是否接地	接地阻抗

（2）清除故障。利用工具栏上"故障"选项卡"删除全部故障"或者点击线路末端，右击，在弹出的对话框中选择"删除故障"。模拟现场操作中故障排查情景。

（3）恢复运行。将跳开的开关合闸，动作的保护恢复。

3. 主变压器故障处理

（1）主变压器故障设置。鼠标移到主变压器上，右击选择"设置故障"，根据需要选择相应的故障，单击确定，观察主变高中低压侧及母联开关的位置变化、报文窗口、graph 图中开关状态并巡检记录。如表 9-16 所示。

表 9-16　主变压器故障设置

主变压器名称	故障类型	故障端口	故障相别	是否接地	持续时间	匝间短路

（2）清除故障。利用工具栏上"故障"选项卡"删除全部故障"，模拟现场操作中故障排查情景。

（3）恢复运行。将跳开的开关合闸，动作的保护恢复。

三、思考题

故障清除后，对跳开的开关进行合闸操作时需要注意什么？

四、实验报告要求

（1）记录故障设置后系统各保护及开关动作情况。

（2）生成故障清除记录。

（3）撰写实验总结（收获及体会）。

参 考 文 献

［1］埃里克·马瑟斯.Python 编程从入门到实践［M］.袁国忠,译.2 版.北京:人民邮电出版社,2020.

［2］蔡超豪.MATLAB 在电力系统中的应用［M］.北京:中国电力出版社,2022.

［3］程佩青.数字信号处理教程［M］.5 版.北京:清华大学出版社,2017.

［4］谭浩强.C 程序设计［M］.5 版.北京:清华大学出版社,2017.

［5］尹霄丽,张健明.MATLAB 在信号与系统中的应用［M］.北京:清华大学出版社,2015.

［6］郑莉,董渊,何江舟.C＋＋语言程序设计［M］.4 版.北京:清华大学出版社,2010.